Wissenschaftliche Taschenbücher WTB

Chemie

Dieter Merkel

Riechstoffe

Akademie-Verlag · Berlin
Pergamon Press · Oxford
Vieweg + Sohn · Braunschweig

J. H. SANDERS
Die Lichtgeschwindigkeit. Einführung und Originaltexte

JEAN KUNTZMANN
Unendliche Reihen
Mathematische Hilfsmittel der Physik und Chemie
Mit 94 Übungen und 29 Aufgaben

JEAN KUNTZMANN
Systeme von Differentialgleichungen
Mathematische Hilfsmittel der Physik und Chemie
Mit 88 Übungen und 40 Aufgaben

JEAN KUNTZMANN
Komplexe Veränderliche
Mathematische Hilfsmittel der Physik und Chemie
Mit 90 Übungen und 37 Aufgaben

FERDINAND CAP
Einführung in die Plasmaphysik
I. Theoretische Grundlagen
— insgesamt 3 Bände —

J. A. ROSANOW
Wahrscheinlichkeitstheorie

HARRY PFEIFER
Theorie linearer Bauelemente
Elektronik für den Physiker I

HARRY PFEIFER
Die Elektronenröhre
Elektronik für den Physiker II

HARRY PFEIFER
Schaltungen mit Elektronenröhren
Elektronik für den Physiker III

HARRY PFEIFER
Leitungen und Antennen
Elektronik für den Physiker IV

HARRY PFEIFER
Mikrowellenelektronik
Elektronik für den Physiker V

HARRY PFEIFER
Halbleiterelektronik
Elektronik für den Physiker VI

SIEGFRIED HAUPTMANN
Über den Ablauf organisch-chemischer Reaktionen

GERHARD HÜBNER / KLAUS JUNG / ECKART WINKLER
Die Rolle des Wassers in biologischen Systemen

STEPHEN G. BRUSH
Kinetische Theorie, Teil I und II

EBERHARD HOFMANN
Enzyme und energieliefernde Stoffwechselreaktionen
Dynamische Biochemie, Teil II

HERBERT GOERING
Elementare Methoden
zur Lösung von Differentialgleichungsproblemen

PETER KRUMBIEGEL
Isotopieeffekte

D. M. BRINK
Kernkräfte. Einführung und Originaltexte

DIETER ONKEN
Steroide
Zur Chemie und Anwendung

HEINZ GEILER
Ökologie der Land- und Süßwassertiere

ARTHUR P. CRACKNELL
Angewandte Gruppentheorie. Einführung und Originaltexte

DIETER KLAUA
Elementare Axiome der Mengenlehre

EBERHARD HOFMANN
Intermediärstoffwechsel
Dynamische Biochemie, Teil III

GÜNTER TEMBROCK
Grundlagen der Tierpsychologie

J. F. VINSON

Optische Kohärenz in der klassischen Theorie und in der Quantentheorie

W. R. HINDMARSH

Atomspektren. Einführung und Originaltexte

GÜNTER TEMBROCK

Biokommunikation

Informationsübertragung im biologischen Bereich

Teil I und II

ADOLF ZSCHUNKE

Kernmagnetische Resonanzspektroskopie in der organischen Chemie

DIETER MERKEL

Riechstoffe

Vorschau auf die nächsten Bände:

JOHN CUNNINGHAM

Vektoren

FERDINAND CAP

Einführung in die Plasmaphysik

III. Magnetohydrodynamik

EBERHARD HOFMANN

Grundlagen der Molekularbiologie und Regulation des Zellstoffwechsels

Dynamische Biochemie, Teil IV

GEORG DAUTCOURT

Relativistische Astrophysik

WTB

BAND 90

Dieter Merkel

Riechstoffe

Mit 5 Abbildungen

AKADEMIE-VERLAG · BERLIN

PERGAMON PRESS · OXFORD

VIEWEG + SOHN · BRAUNSCHWEIG

Reihe CHEMIE
Herausgegeben im Auftrage der Sektion Chemie
bei der Deutschen Akademie der Wissenschaften

von:
Prof. Dr. H. Klare, Teltow-Seehof
Prof. Dr.-Ing. Dr. h. c. E. Leibnitz, Berlin
Prof. Dr.-Ing. habil. Dr. rer. nat. h. c. K. Schwabe, Dresden
Prof. Dr. Dr. h. c. E. Thilo

Verantwortlicher Herausgeber dieses Bandes:
Prof. Dr.-Ing. Dr. h. c. E. Leibnitz

Verfasser:
Dr. Dieter Merkel
VEB Chemiekombinat Bitterfeld,
Betriebsteil Wolfen

ISBN 3 528 06090 5

1972

Lizenznummer: 202 · 100/591/72
Herstellung: VEB Druckhaus „Maxim Gorki", 74 Altenburg
Bestellnummer: Akademie-Verlag 7090 · EDV 7615256
Pergamon Press 080175767
Vieweg + Sohn 6090
Printed in German Democratic Republic

Inhaltsverzeichnis

Einleitung

Riechstoffe sind organische Verbindungen bzw. mehr oder weniger komplexe Gemische solcher Verbindungen mit ausgeprägtem Geruch, die zur Herstellung von Extraits (den Parfümen im engeren Sinne) und von Kompositionen zur Parfümierung von Seifen, Kosmetika usw. verwendet werden; einige dienen auch als Aromatisierungsmittel in der Nahrungs- und Genußmittelindustrie.

Man unterscheidet natürliche, halbsynthetische und synthetische Riechstoffe. Die *natürlichen Riechstoffe* sind meist pflanzlichen Ursprungs (ätherische Öle, Blütenöle, Resinoide, Harze und Balsame), seltener tierische Sekrete (Ambra, Moschus, Zibet, Castoreum). Sie sind meist komplex zusammengesetzt; häufig werden aus ihnen einheitlichere Fraktionen oder Einzelverbindungen isoliert (sog. Isolate) und als solche verwendet (z. B. Geraniol und Citronellal aus Citronellöl). Die *halbsynthetischen Riechstoffe* sind chemisch umgewandelte Isolate, wie Linalylacetat aus Linalool (aus Rosenholz-, Coriander- oder Shiuöl), die Jonone aus Citral (aus Lemongrasöl). Die *synthetischen Riechstoffe* sind entweder mit Bestandteilen der natürlichen Riechstoffe identische, aus einfachen Rohstoffen der organischen Chemie (wie Acetylen, Aceton, Benzol) hergestellte Stoffe (z. B. Phenyläthylalkohol, Geraniol) oder in der Natur unbekannte, neuartige Verbindungen (z. B. Ambrettemoschus, α-Amylzimtaldehyd).

Die Riechstoffe sind aus unserem Leben ebensowenig wegzudenken wie etwa die organischen Farbstoffe, die Synthesefasern oder die Chemotherapeutika.

Der Wert des Geruchssinns wird meist unterschätzt, obwohl dieser für die Aufrechterhaltung und Förderung des menschlichen Lebens den Augen und Ohren nicht viel nachsteht. Der Geruch ist Hauptanreiz für die Nahrungsaufnahme, da das, was wir als Geschmack wahrzunehmen glauben, vorwiegend der Nase zu verdanken ist. Der Geruch wirkt regelnd bei den zwischenmenschlichen Beziehungen, er schafft Sympathien und Antipathien; im Bereich der Sexualität gehört er zu den wirksamsten Anziehungs- bzw. Abstoßungskräften. Er warnt uns vor schädigenden Stoffen in der Atemluft, hilft uns beim Erkennen und Unterscheiden von Dingen (wenn uns hierin auch die meisten Tiere überlegen sind), ermöglicht das Feststellen vieler Krankheiten und kann uns zur Hebung des Wohlbefindens verhelfen und körperliche und geistige Leistungen durch günstige Beeinflussung unserer seelischen Stimmungen fördern (E. v. SKRAMLIK).

Die Produkte der Riechstoffindustrie spielen im Innen- und Außenhandel aller Länder direkt oder indirekt eine wichtige Rolle; sie sind in vielen Zweigen der Leichtindustrie verkaufsentscheidende Veredlungsmittel.

Die Geschichte der Riechstoffe ist so alt wie unsere Kulturgeschichte.

Schon in deren Anfängen erkannte man die anziehende Wirkung, die angenehme Gerüche auf die Menschen ausüben. Die Priester der alten Völker nutzten dies bei ihren kultisch-religiösen Handlungen aus; durch Räuchern von Harzen und Balsamen (z. B. von Weihrauch) erzeugten sie Düfte, die die Wirkung farbenprächtiger Gewänder und feierlicher Musik verstärkten. Bald empfand man auch den günstigen Eindruck, den wohlriechende Menschen auf ihre Umgebung machen.

Den Indern, Persern und Babyloniern waren mehrere Räucherharze und Düfte bekannt. In den ältesten Zeugnissen, den altindischen Ayur-Vedas, werden u. a. Rosen- und Calmusöl erwähnt. Im Papyrus Ebers (ca. 1500 v. d. Z.) sind etwa 100 Vorschriften ägyptischer Parfüme enthalten, die u. a. mit Moschus, Ambra und Zibet hergestellt wurden. Aus Vorderasien gingen die Kenntnisse über die Duftstoffe zunächst zu den Griechen, von diesen zu den Römern, die vor allem zur Zeit ihres Niederganges eine unerhörte Verschwendung auch in Wohlgerüchen trieben. Mit dem Untergang des römischen Weltreiches verfielen auch die Erfahrungen auf dem Gebiet der Parfümerie. Erst etwa vom

13. Jahrhundert an blüht dieser Zweig wieder auf; der Luxus an den Fürstenhöfen der Renaissance im 15. Jahrhundert übersteigt bereits die römischen Vorbilder.

Bis zum Ende des 19. Jh. bildeten ausschließlich Naturprodukte die Rohstoffe für die Parfümerie.

Die Destillation war vermutlich schon den Indern, Ägyptern und Persern des Altertums bekannt; belegt sind Kenntnisse der Araber aus dem 8. Jahrhundert (Dschabir, Albukasis). In Europa sind destillierte Öle (Terpentinöl und Rosenöl) im 13. Jh. bekannt, im 13. und 14. Jh. besonders auch Salbei-, Bittermandel-, Rauten-, Zimt- und Sandelholzöl. Ihre Gewinnung erfolgte vorwiegend in Apothekerlaboratorien.

Die Zubereitung der Duftkompositionen nahm nach und nach Manufakturcharakter an. Dies ist z. T. bis heute so geblieben, da diese sehr hoch veredelten Produkte auch in kleineren Mengen lukrativ hergestellt werden können.

Mit der Mitte des 19. Jahrhunderts einsetzenden stürmischen Entwicklung der organischen Chemie wuchs auch die Riechstoffchemie heran; man begann zunächst mit der systematischen Analyse der Naturprodukte, erarbeitete jedoch bald zahlreiche Synthesen. Hierdurch wurde die Voraussetzung zum Wandel der Parfümerie und Kosmetik vom Privileg einzelner zum Massenbedarf geschaffen. Es entstanden zahlreiche Fabriken zur rationellen Gewinnung ätherischer Öle und zur Herstellung synthetischer Riechstoffe, vor allem in Frankreich und Deutschland, später in der Schweiz, in den USA, in Holland und England.

Besonders in den letzten 20 Jahren wurden zahlreiche Naturprodukte synthetisiert, von denen viele praktisch bedeutende heute auch technisch hergestellt werden, wie Geraniol, Citral, Linalool usw. aus Acetylen oder Terpentinöl (s. S. 131). Die Zahl der synthetischen, in der Natur nicht vorkommenden Riechstoffe läßt sich kaum noch überblicken.

1. Allgemeines

1.1. Der Geruch

In den letzten Jahren ist die Literatur über Geruchsprobleme stark angewachsen. Jedoch ist trotz der zahlreichen Versuche, die Frage nach den Grundlagen der Geruchswahrnehmung und -unterscheidung zu beantworten, noch keine Geruchstheorie entwickelt worden, die jeder der folgenden Tatsachen gerecht wird:

- Alle normal entwickelten Menschen können Gerüche wahrnehmen, falls sie keine Hirn- oder Nasenverletzung haben.
- Der Geruch wird über Entfernungen wahrgenommen und wandert mit dem Wind. Als Träger des Geruchs dient für Landtiere die Luft; hierbei ist Sauerstoff nicht notwendig, er kann durch ein Inertgas ersetzt werden. Der Geruch wird nur beim Einatmen wahrgenommen, nicht in Atempausen. Fische können flüssigkeitstransportierte Gerüche wahrnehmen; für den Menschen ist dies nicht nachgewiesen.
- Das Geruchsorgan besitzt eine hohe Empfindlichkeit gegenüber riechenden Stoffen. Die Geruchsschwelle, d. h. die Grenze der Wahrnehmung, hängt stark von der Art der erregenden Stoffe ab; sie reicht von etwa $2 \cdot 10^{-7}$ bis 1 ppm in Luft, ist beim Menschen und den einzelnen Tierarten verschieden und schwankt beim Individuum von Zeit zu Zeit. Bombykol, der Sexuallockstoff des Seidenspinners, wirkt noch in einer Konzentration von 100 Molekülen pro ml Luft und über Entfernungen bis zu 1 km!
- Es können Tausende von Gerüchen unterschieden werden, wobei die Zahl vom Training abhängt und in

der Richtung Laie → Chemiker → Parfümeur stark ansteigt. Raucher sind deutlich benachteiligt; auch mit zunehmendem Alter läßt die Fähigkeit zur Erkennung von Gerüchen eindeutig nach. Einen ausgeprägten Unterschied zwischen den Geschlechtern scheint es jedoch nicht zu geben.

— Bei Einzelpersonen existiert eine selektive Anosmie für bestimmte Gerüche, d. h. sie können diese nicht oder nur schwach wahrnehmen.

— Das Geruchsorgan ermüdet bei längerer Einwirkung eines Geruchs (je nach Art der Verbindung unterschiedlich schnell); neu auftretende Gerüche können jedoch wieder wahrgenommen werden. Besonders auffällig ist dies z. B. bei den Jononen, die man nach relativ kurzer Zeit nicht mehr riecht; zu großen Gefahren führt die Ermüdung der Nase durch Schwefelwasserstoff, Leuchtgas u. a. Bei der Analyse unbekannter Riechstoffmischungen kann man sich diesen Effekt zunutze machen, indem man die Nase mit den bereits bekannten Verbindungen „sättigt", so daß dieser Geruchsanteil im Idealfall ausfällt und man den nun veränderten, evtl. einfacheren Geruch weiteranalysieren kann.

— Qualität und Intensität eines Geruches können mit der Konzentration wechseln und hängen in gewissem Maße auch von Temperatur und Luftfeuchtigkeit ab. So besitzt z. B. Skatol in niedrigen Konzentrationen Jasmin-, in höheren Fäkalgeruch.

— Die Intensität einer Mischung von Gerüchen kann sich auf verschiedene Weise aus den Intensitäten der Einzelgerüche ergeben:

a) Die Verbindungen wirken *unabhängig* voneinander; bis zum Überschreiten der Geruchsschwelle einer Verbindung wird kein Geruch wahrgenommen.

b) *Subtraktiv:* Die Verbindungen wirken gegenläufig; eine Mischung zweier solcher Stoffe — jeder in seiner Schwellenkonzentration — hat keinen Geruch.

c) *Additiv:* Ein Gemisch solcher Verbindungen wird geruchlich wahrgenommen, auch wenn diese z. B. jeweils nur in halber Schwellenkonzentration vorliegen.

d) Ein *synergistischer* Effekt liegt vor, wenn eine Mischung einen stärkeren Geruch hat, als durch Addition zu erklären ist. Auch wird der Geruch häufig durch andere Stoffe verstärkt, die selbst kaum riechen; so wirkt z. B. der in reiner Form fast geruchlose Benzylalkohol als Synergist im Jasminöl.

— Stereoisomere Verbindungen können unterschiedlich riechen.

— Durch zahlreiche Versuche fand man, daß eine Substanz nur dann einen Geruch hat, wenn sie

a) flüchtig,

b) fett- (lipoid-) und — wenn auch nur wenig — wasserlöslich und

c) mindestens zweiatomig ist (von den Elementen riechen nur 7: F_2, Cl_2, Br_2, J_2, P_4, As_4 und O_3).

— Es gibt wohl kaum zwei Stoffe, die völlig gleich riechen. Die Zahl der riechbaren Substanzen ist unbekannt, auf alle Fälle ist sie sehr hoch. Bedenkt man, daß durch Mischgerüche Empfindungen einer neuen Qualität ausgelöst und auch Intensitäten unterschieden werden, so wächst die Zahl der möglichen Geruchsempfindungen auf mehr als 10^6 an (v. Skramlik 1963).

Im Gegensatz dazu gibt es nur sechs echte Geschmackseindrücke:

süß (z. B. Zucker)
sauer (z. B. Essig)
salzig (z. B. Kochsalz)
bitter-adstringierend (z. B. Chinin)
scharf-brennend (z. B. Pfeffer)
kühlend (z. B. Menthol)

Die übrigen Geschmackseffekte werden durch den Geruch hervorgerufen.

Der *anatomische Bau des Geruchsapparates* ist ziemlich gut bekannt.

Beim Atmen wird die Luft nach dem Einsaugen durch die Nasenlöcher an drei siebähnlich wirkenden Nasenmuschelknochen im oberen Teil der Nase vorbeigeführt, wobei sie erwärmt und gefiltert wird. Bei kräftigem Atmen oder beim Schnüffeln wird sie aufwärts zu zwei Spalten in der Schleimhaut gesogen, die die Riechorgane enthalten. Diese sind zwei etwa 6 cm^2 große Lappen eines gelblichen Gewebes, in die beim Menschen jeweils etwa $10 \cdot 10^6$ mit Flimmerhärchen besetzte Riechzellen (Hunde haben je $120 \cdot 10^6$) eingebettet sind, die als Rezeptoren dienen. Durch Versuche mit Hunden im Bereich der Reizschwelle ergab sich, daß diese Rezeptoren auf einzelne Moleküle ansprechen. Durch die große Zahl von Rezeptorzellen wird die Wahrscheinlichkeit erhöht, daß an sie einzelne Moleküle gelangen, d. h. die Reizschwelle wird gesenkt, die Nase wird empfindlicher; beim Menschen erreichen etwa 1% der in die Nase eindringenden Moleküle die Riechzellen.

Jede dieser mittelbar oder unmittelbar angeregten Riechzellen gibt über eine isolierte Nervenfaser (*Nervus olfactorius*) elektrische Impulse in den *Bulbus olfactorius* des Vorderhirns, wo etwa jeweils 1000 Nervenfasern mit einer sekundären Zelle in Kontakt stehen. Diese sekundären Zellen sind mit ihren Nachbarzellen

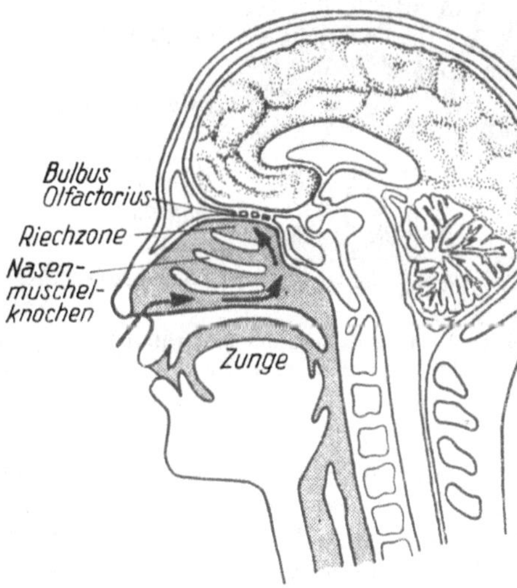

Abb. 1: Querschnitt durch die Nase
(nach J. E. Amoore, J. W. Johnston und M. Rubin, *Umschau 1964*, 600)

sowie mit den Nervenzellen des *kontralateralen Bulbus* und anderen Hirnteilen verknüpft. Sie antworten in bisher unübersehbarer Weise auf bestimmte Riechstoffgruppen, wie durch Versuche an verschiedenen Säugetieren ermittelt wurde.

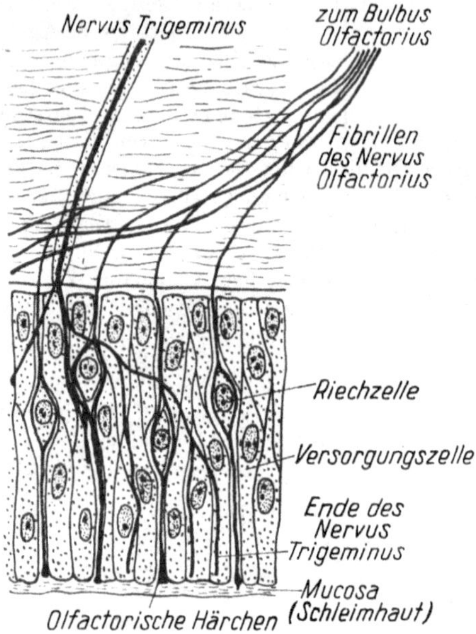

Abb. 2: Mikroskopischer Schnitt durch das Riechepithel (nach J. E. AMOORE, J. W. JOHNSTON und M. RUBIN, *Umschau 1964*, 600)

Der Mechanismus in den nachfolgenden höheren Zentren im Gehirn ist unbekannt. Von der Funktionskette kennen wir also mit Sicherheit nur Anfang (Riechstoffmoleküle) und Ende (Geruch). Solange man über die Art und Weise der Anregung der Riechzellen durch die Moleküle nichts weiß, kann man über den Geruchsmechanismus nur Vermutungen anstellen.

Als Gründe für die noch unbefriedigende Situation bei der Klärung des Geruchsphänomens sind zu nennen:

- Der Mensch ist im Laufe seiner Entwicklung vorwiegend ein Augenwesen geworden, weshalb die Augen auch bevorzugt und zuerst untersucht wurden.
- Voraussetzung für die Erarbeitung einer Theorie sind absolut reine Riechstoffe, da man sonst falsche Schlüsse zieht. Gegenwärtig ist jedoch noch die Nase das empfindlichste Instrument, da sie Substanzen noch in Verdünnungen *identifiziert*, bei denen selbst Gaschromatographen mit empfindlichen Detektoren nicht einmal mehr *registrieren*. Daher werden Verunreinigungen häufig zum Substanzgeruch beitragen. Man kann einen Riechstoff erst dann als geruchsrein ansprechen, wenn er nach mindestens zwei völlig verschiedenen Methoden gewonnen wurde und die Präparate nicht nur gleiche physikalische Konstanten, sondern auch völlig gleichen Geruch aufweisen. Angaben aus der Literatur darf hierbei kein Wert zugemessen werden, wenn der Reinheitsgrad ungewiß ist.
- Das größte Problem ist wohl das Fehlen objektiver Methoden zum Messen von Stärke und Qualität von Gerüchen.

  Quantitativ: Die Nase ist empfindlich für Konzentrationen von 10^{-8} bis 10^{4} ppm, kann aber innerhalb dieses Intervalls nur wenige Konzentrationsgrade unterscheiden. Die besten Meßchancen vespricht z. Z. die Gaschromatographie unter Anwendung hochempfindlicher Detektoren, die jedoch nicht zwischen riechenden und geruchlosen Substanzen unterscheiden kann.

  Qualitativ: Die Nase ist zwar sehr empfindlich, aber als Meßinstrument ungeeignet, da die Geruchsrezeptoren verschiedener Personen zu unterschiedlich sind und selbst bei ein und derselben Person schwanken.
- Es gibt keine objektive Geruchsklassifizierung, d. h. es ist gegenwärtig unmöglich, einen Geruch eindeutig zu beschreiben. Da man auf die Nase angewiesen ist,

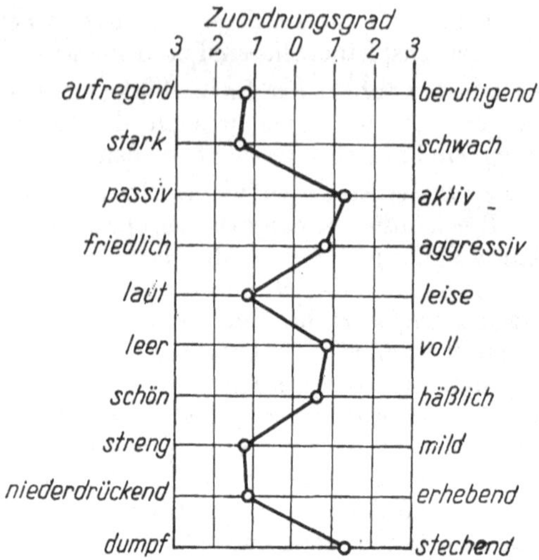

Abb. 3: Ausschnitt aus dem Polaritätsprofil von Ambra [8]

fallen zum einen die Geruchseindrücke unterschiedlich aus, zum anderen sind zur Geruchsbeschreibung nur wenige Adjektive (fruchtig, grün u. ä.), Vergleiche (z. B. „wie welkendes Heu“, „wie Seeufer“) und Zuordnungen (z. B. „vom Fougère-Typ“) geeignet, wobei der verwendete Wortschatz selbst unter Parfümeuren nicht einheitlich ist. An Versuchen zur Schaffung einer einheitlichen Nomenklatur hat es nicht gefehlt. So gab als erster H. ZWAARDEMAKER [1] ein Schema mit 4 angenehmen und 5 unangenehmen Gerüchen an, später H. H. HENNING [2] in seinem Geruchsprisma 6 Grundgerüche. Auch CROCKER und HENDERSON [3] stellten mit vierstelligen Zahlenkombinationen (entsprechend 4 Grundgerüchen in Stärken von 0 bis 8) ein interessantes Zuordnungsprinzip auf. Heute wird häufig die ursprünglich von C. E. OSGOOD, G. J. SOUCI und P. H. TANNENBAUM [4] sowie P. R. HOFSTÄTTER [5] entwickelte Polaritätsprofilmethode herangezogen, die von E. PAUKNER [6] und R. RANDEBROCK [7] auf die Beschreibung und Kennzeichnung von Gerüchen übertragen wurde [8].

Hierbei werden ca. 30 Paare entgegengesetzter Adjektive in konstanter Reihenfolge untereinandergesetzt. Zwischen diesen gibt es 7 Bewertungsstufen, von denen eine — dem zutreffenden Adjektiv mehr oder weniger nahe liegende — angekreuzt werden muß. Verbindet man diese durch Linien, so erhält man ein Zickzackprofil, das — aus den Angaben vieler Versuchspersonen gemittelt — ein Durchschnittsprofil gibt, das für den betreffenden Geruch einigermaßen charakteristisch, jedoch nicht spezifisch ist. Als Beispiel ist ein Ausschnitt des Polaritätsprofils von Ambra wiedergegeben [8] (Abb. 3).

1.2. Geruchstheorien

Seit der 1870 von OGLE veröffentlichten Vibrationstheorie sind über 30 Geruchstheorien vorgeschlagen worden, die sich z. T. wesentlich unterscheiden. Sie befassen sich mit der ersten Stufe des Riechvorgangs — der Wechselwirkung zwischen Molekül und Rezeptor — und lassen sich zwei Gruppen zuordnen, je nachdem ob die Berührung der Geruchsrezeptoren durch die Riechstoffmoleküle als notwendig erachtet wird (Kontakttheorien) oder ob angenommen wird, daß die Moleküle Wellen aussenden, die die Rezeptoren erregen (Wellentheorien).

Die *Wellentheorien* basieren auf der Tatsache, daß der Geruch über Entfernungen wirkt und sind zunächst naheliegend, da ja auch Hören und Sehen Wellencharakter haben. Wenn dies auch für den Geruch zutreffen sollte, müßten die verschiedenen Geruchseindrücke in Form von Spektren erfaßbar sein. Den Wellentheorien widerspricht, daß riechende Stoffe flüchtig sein müssen und daß ohne Luftbewegung kein Geruchstransport stattfindet.

Die wichtigste von diesen ist die Vibrationstheorie von DYSON und WRIGHT. DYSON vermutete 1937, daß die Nase gegenüber den RAMAN-Frequenzen von 3500—1400 cm^{-1}, den sog. „osmischen

Frequenzen", sensitiv ist; es konnte jedoch später keine Beziehung zwischen diesen und dem Geruch festgestellt werden. WRIGHT gab 1956 an, daß DYSONS Gedanke prinzipiell richtig ist, daß aber die Frequenzen von 500—50 cm^{-1} in Frage kommen; diese sollen die *Geruchsqualität* bestimmen, Flüchtigkeit, Absorbierbarkeit und Wasser-Fett-Löslichkeit dagegen die *Geruchsstärke*. Gegenwärtig sind nur wenige Daten zum Testen bekannt, da dieses Infrarotgebiet noch am Anfang seiner Erforschung steht. Außer obigen Einwänden spricht gegen diese Theorie, daß isotope Moleküle mit sehr unterschiedlichen Vibrationsfrequenzen (z. B. H_2S und D_2S) gleich riechen, optische Isomere (mit gleichen Vibrationsfrequenzen) dagegen oft unterschiedlich.

Die *Kontakttheorien* können chemische oder physikalische Reizung der Rezeptoren zur Grundlage haben.

Die *chemischen Kontakttheorien* basieren vorwiegend auf Reaktionen funktioneller Gruppen und sind im wesentlichen in den Jahren von 1900—1930 entstanden. Von diesen nehmen die osmochemischen Theorien Haupt-, die Adsorptionstheorien Nebenvalenzen an. So ist nach L. RUZICKA das Skelett (Osmogen) für die Geruchsart, die osmophore Gruppe für die Nuance verantwortlich.

Um 1930 wurde jedoch erkannt, daß zwischen Molekularstruktur und Geruch keine einfache Beziehung besteht: Verbindungen sehr ähnlicher Struktur können verschiedene Gerüche haben, Verbindungen sehr unterschiedlicher Struktur wiederum oft sehr ähnliche. Der Geruch makrocyclischer Verbindungen hängt mehr von der Ringgröße als von den funktionellen Gruppen ab; der Geruch von Benzolderivaten wird mehr von der Stellung als von der Art der Substituenten beeinflußt.

Der *Geschmack* scheint auf chemischer Verbindungsbildung zu beruhen. So wurden kürzlich von F. R. DASTOLI, D. V. LOPIEKES und A. DOIG [9] aus den Geschmackspapillen von Rindern und Schweinen Proteine isoliert, die mit bitteren und süßen Stoffen Verbindungen bilden, die die menschliche Zunge unterscheiden kann. Aus dem für *süß* empfänglichen Rinderzungenbereich wurde ein Mucoprotein isoliert, das mit verschiedenen Zuckern und Saccharin reagiert; die Stärke der Bindung zwischen Zucker und Protein ist fast proportional der Süße des Zuckers. Dieses „süße"

Protein hat ein Molekulargewicht von 150000, enthält viel Lysin und ist stark positiv. Aus dem auf *bitter* ansprechenden Bereich wurde ein „Bitterstoffprotein" isoliert.

Die *physikalischen Kontakttheorien* sind weniger zahlreich; sie postulieren eine Beeinflussung der Rezeptoren durch intramolekulare Schwingungen der Riechstoffmoleküle; auch eine Lösung letzterer in der Membran des Rezeptors wurde in Erwägung gezogen.

Gegenwärtig wird die *stereochemische Geruchstheorie* von Moncrieff und Amoore stark diskutiert.

R. W. Moncrieff [10] stellte 1949 die Hypothese auf, daß das olfaktorische System aus relativ wenig (6 bis 12) Arten unterschiedlich geformter Rezeptorzellen besteht, die jeweils einem bestimmten Primär- oder Grundgeruch zuzuordnen sind; in oder an diese Rezeptorzellen passen jeweils die zur Rezeptorform komplementär gebauten Riechstoffmoleküle. Aus diesen Grundgerüchen setzen sich alle natürlichen Gerüche zusammen. Der erste Schritt der Geruchswahrnehmung besteht in engem Anlagern der Moleküle an die Oberfläche der zugehörigen Rezeptorzellen — analog der Schlüssel-Schloß-Theorie E. Fischers für die Wechselwirkung zwischen Enzymen und ihren Substraten. Hierbei soll eine Reduktion der Oberflächenspannung und damit Freisetzen von Energie stattfinden, die als elektrischer Impuls die Geruchsempfindung im Gehirn auslöst.

Vorstellungen in dieser Richtung hatte bereits Lukrez vor 2000 Jahren; er glaubte, daß der Gaumen sehr kleine Poren verschiedener Größe und Form habe, in die kleine Moleküle der riechbaren Substanzen eindringen; die Identifizierung eines jeden Geruchs beruhe darauf, in welche Poren die Moleküle passen. J. E. Amoore [11] hat diese Hypothese konkretisiert, wenn auch in einer zu einfach erscheinenden Form.

Nach Sondierung der in der Literatur beschriebenen Gerüche 600 organischer Verbindungen kam er zu dem Schluß, daß es *7 Primärgerüche* (campherartig, moschusartig, blumig, minzig, ätherisch, stechend und faulig) gibt, aus denen jeder bekannte

Geruch durch Mischen in bestimmten Verhältnissen erzeugt werden soll — analog den 3 Primärfarben rot, grün und blau. Für die Primärgerüche existieren 7 verschiedene Rezeptorformen, die man sich als ultramikroskopische Schlitze oder Löcher unterschiedlicher Form und Größe in den Membranen der Nervenenden vorzustellen hat. Durch Vermessen der Modelle der für die 7 Primärgerüche charakteristischen Substanzen ist er zu 5 verschiedenen Formen für die Rezeptoren gekommen; stechend und faulig riechende Stoffe sollen auf Grund ihrer Ladung (+ bzw. —) haften:

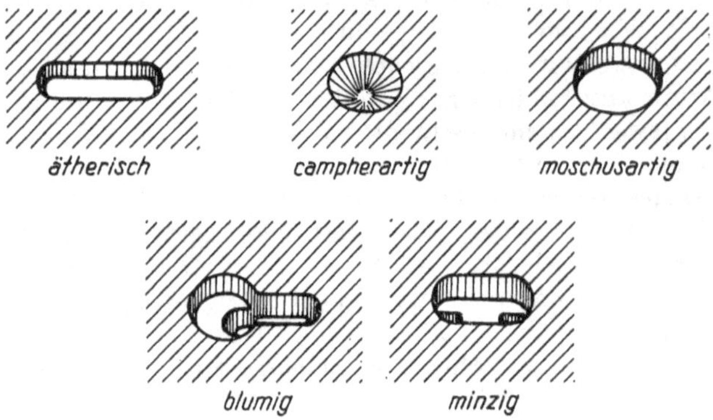

Abb. 4: Rezeptorformen nach AMOORE [11]

Jede Vertiefung wird ein Molekül ähnlicher Form aufnehmen (analog Stecker—Steckdose); paßt ein Molekül in zwei Rezeptoren (z. B. mit der breiten Seite in einen großen, mit der schmalen Seite in einen kleinen Rezeptor), so wird ein Mischgeruch angezeigt. Die Geruchsänderung erklärt er damit, daß bei hohen Konzentrationen auch andere Rezeptoren belegt werden, in Verdünnung dagegen nur die bevorzugten.

Trotz der von AMOORE angegebenen „harten" Tests hat diese Hypothese noch keine allgemeine Anerkennung gefunden.

So wird vor allem Kritik geübt an

— der Voraussetzung, daß Grundgerüche häufiger auftreten müssen als Mischgerüche,

- der Verwendung von Geruchsbeschreibungen von Verbindungen unbekannter Reinheit,
- der Form der Rezeptoren; die meisten Moleküle werden nur lose hineinpassen, oft 2 oder 3 gleichzeitig,
- der Tatsache, daß 2 der 7 Primärgerüche keiner Form zugeordnet wurden.

Trotzdem ist die MONCRIEFF-AMOORE-Hypothese z. Z. in ihren Grundzügen der beste Ausdruck unserer heutigen Kenntnisse über den Geruch, insbesondere über die Beziehungen von Molekularform zum Geruch. Aber die Riechstoffchemiker sind noch nicht so weit, jeden gewünschten Duft von Kalottenmodellen ableiten zu können, obwohl es für bestimmte Riechstoffklassen schon gewisse empirische Regeln über den Molekülaufbau gibt. Es gilt immer noch, daß „keine allgemeine und direkte Beziehung zwischen molekularer Struktur und Geruch besteht" (M. GUILLOT 1957). Es dürfte jedoch sicher sein, daß der Geruch eine Eigenschaft des gesamten Moleküls ist, also sowohl von dessen Form und Größe als auch von der Art der Gruppen abhängt.

Aussichtsreich entwickelt sich die Elektrophysiologie, mit deren Methoden es z. B. möglich ist, die Arbeitsweise einzelner Riechzellen von Insekten während der Reizung durch Riechstoffe genau zu beobachten. Ihre neuesten Ergebnisse gaben Aufschluß über verschiedene Arten von Riechzellen (Spezialisten und Generalisten, DRAVNIEK 1964). Die Rezeptoren sind von einer Membran umgeben, die zwangsläufig ein Membranpotential besitzt.

Infolge der Ladungsverteilung im Molekül werden die Riechstoffe von der Membran elektrisch angezogen bzw. festgehalten. Diese zwischen Zellmembran und extrazellulärer Flüssigkeit stattfindende Adsorption wird dadurch begünstigt, daß die Riechstoffe meist an einem Molekülende hydrophile Gruppen aufweisen, die zur Wasserphase hin einen energetisch günstigen Übergang bewirken. Daran schließt sich als 2. Schritt die Reaktion der Moleküle zur Zellerregung an, die durch Verminderung des elektrischen Potentials an der Membran durch die von den Riechstoffmolekülen gebildeten Adsorptionsschichten bewirkt wird (vgl. W. Steiner [12]).

1.3. Charakteristik der Riechstoffe

Viele leichtflüchtige anorganische Verbindungen — wie H_2S, PH_3 und NH_3 — besitzen einen — meist unangenehmen bis unerträglichen — Geruch. Weitaus die meisten der riechenden Stoffe gehören aber der organischen Chemie an. Wie jedoch nur ein Teil der farbigen Verbindungen praktisch verwertbare Farbstoffe sind, so sind nicht alle riechenden Verbindungen als Riechstoffe geeignet. Zwar ist ein ausgeprägter Geruch die Grundvoraussetzung; zusätzlich müssen aber noch folgende Eigenschaften vorhanden sein:

— *Haftfestigkeit:* Zur Wahrnehmung eines Duftes ist es erforderlich, daß die Verbindungen flüchtig sind. Leider sind sie sehr unterschiedlich flüchtig, so daß eine Parfümkomposition infolge Verschwindens der leichterflüchtigen Komponenten ihren Geruchscharakter ändert. Vor allem die Kopf- und Spitzennoten verfliegen ziemlich rasch; die den Typ des Geruches bildenden Bestandteile dürfen jedoch nicht zu flüchtig sein, hierfür setzt man nach Möglichkeit haftfestere Riechstoffe ein.

Durch den Zusatz von *Fixateuren* ist es möglich, die geruchliche Veänderung einer Parfümkomposition zu verzögern. Hierzu dienen vor allem wenig riechende, viskose Stoffe wie Phthalsäurediäthylester, Phenoxyäthanol u. a., die einerseits den Dampfdruck der anderen Komponenten mindern, andererseits durch die höhere Viskosität bremsend auf die Molekularbewegung zur Oberfläche wirken. Daneben sind auch selbst stark riechende Produkte, wie Sandelholzöl, Moschusriechstoffe u. a. als Fixateure wirksam. Empfindliche oder flüchtige Riechstoffe kann man auch in Form leicht spaltbarer Derivate zusetzen, z. B. Aldehyde als SCHIFFsche Basen oder Acetale, die durch anwesende geringe Säuremengen langsam unter Rückbildung der Aldehyde gespalten werden.

— *Physiologische Verträglichkeit:* Riechstoffe dürfen — unter Berücksichtigung der jeweiligen Dosis und Anwendungsweise — keine Schädigungen am oder im Körper, insbesondere auf der Haut, hervorrufen.

Mit dieser prinzipiell richtigen Forderung ist schon viel Verwirrung gestiftet worden, ausgelöst durch zweifelhafte Werbeslogans wie „absolut verträglich" u. dergl., die ähnliche Konkurrenzprodukte abwerten sollen. Bekanntlich stellte schon PARACELSUS fest, daß erst die Dosis das Gift macht; durch einen klinischen Test läßt sich erst dann eine praktisch bedeutungsvolle Aussage machen, wenn man das fertige Produkt (also die Seife, das Rasierwasser usw.) testet und nicht das Parfümöl oder die in dieses eingesetzten Riechstoffe allein. Nach D. KASTNER [13] werden laut Literatur nur ca. 2% aller Hauterkrankungen durch Kosmetika aller Art (also Cremes, Cremepuder, Puder, Toilettewässer, Desodorantien, Antiperspirantien, Lippenstifte, Nagellacke, Schminken, Parfüms, Haarkosmetika einschließlich Haarfarben und Kaltwellen) verursacht; von Seifen und anderen Waschmitteln ist — sicher wegen des nur kurzen Kontaktes mit der Haut — kaum Nachteiliges berichtet worden. Berücksichtigt man weiterhin den geringen Anteil von Riechstoffen in diesen Produkten (selten über 1%), so lassen sich durch Riechstoffe unter praxisnahen Bedingungen ausgelöste Hauterkrankungen kaum erfassen und dürften unter 10^{-2}% liegen.

— *Beständigkeit:* Riechstoffe sollen gegenüber Licht, Luft und das umgebende Medium weitgehend beständig sein, so z. B. für den Einsatz in Seifen vor allem licht- und alkaliecht, da diese sonst beim Lagern leicht fleckig werden. Ist kein stabilerer Ersatz zu finden, so kann man empfindliche Riechstoffe in gewissen Grenzen schützen, z. B. oxydable durch Zusatz von Antioxydantien.

- *Löslichkeit* bzw. Homogenisierbarkeit mit den anderen Komponenten der Riechstoffmischung, da die Parfümöle homogen weiterverarbeitet werden müssen.
- *Ergiebigkeit:* Am wertvollsten sind die Riechstoffe, die schon bei geringer Konzentration wirksam werden, wie Rosenöl, Jonone, Irone, echter Moschus. Um sie besser dosieren zu können, werden sie häufig als verdünnte Lösungen zugesetzt. Viele andere Riechstoffe müssen dagegen in größeren Mengen eingesetzt werden, um durch sie den Dufteffekt zu beeinflussen; es ist offensichtlich, daß eine gewisse (quantitativ nicht festlegbare) Mindestgeruchsstärke vorhanden sein muß.
- Natürlich hat eine Verbindung keine Bedeutung, die zwar einen ausgezeichneten Geruch hat, aber nur als schwieriges „Literaturpräparat" zugänglich ist. Ein Riechstoff muß mit technischen Mitteln in einer vertretbaren Ökonomie hergestellt werden können. Dabei braucht es sich durchaus nicht immer um Großprodukte zu handeln, auch in Glashängegefäßen werden zahlreiche besonders wertvolle Riechstoffe in halbtechnischem Maßstab rentabel hergestellt.
- Ein Riechstoff muß sich gut in Parfümöle einarbeiten lassen. Er muß diese evtl. bestimmend formen, darf jedoch kein „parfümistisches Eigenleben" führen, d. h. zu sehr hervortreten. Ein starker, ausgeprägter Geruch ist also auf der einen Seite erwünscht, um durch Zusatz geringer Mengen dieses Riechstoffs eine Parfümkomposition in eine bestimmte, möglichst neue Richtung lenken zu können; andererseits darf dieser Zusatz nicht auffallen, das Parfümöl muß „abgerundet" wirken.

Selbstverständlich sind diese Eigenschaften selten optimal vorhanden; von Fall zu Fall muß man entscheiden, ob man diesen oder jenen Mangel in Kauf nehmen kann, wenn ein Riechstoff bestimmte Vorzüge aufweist.

Täglich werden neue Riechstoffe synthetisiert, von denen — wegen der genannten „Auswahlregeln" — nur ein kleiner Teil produktionswirksam wird. Durch diese in der Natur nicht vorkommenden Riechstoffe wird die Komposition neuer Phantasiegerüche ermöglicht. Neue synthetische Riechstoffe wurden meist zunächst in Form von Parfümkompositionen verkauft, um ihre Nacharbeitung zu erschweren und die Zeit des Herstellungsmonopols auch zu günstigen Verkäufen der zugemischten Produkte zu nutzen. Durch die modernen Methoden zur Isolierung und Strukturaufklärung unbekannter Verbindungen ist dies heute kaum noch sinnvoll, und neue Syntheseprodukte werden in großen Mengen gleichzeitig auch in reiner Form — meist unter einem phantasievollen Trivialnamen — gehandelt.

In der vorliegenden Übersicht sind die Riechstoffe zweckmäßigerweise in natürliche (d. h. vorwiegend komplexe) und in weitgehend einheitliche (isolierte und synthetische) Riechstoffe getrennt.

2. Natürliche, komplexe Riechstoffe

2.1. *Ätherische Öle, Blütenöle und Resinoide*

2.1.1. *Allgemeines*

2.1.1.1. *Definitionen*

Nach der Definition der ISO (International Standards Organization) sind *ätherische Öle* (engl.: essential oils, franz.: huiles essentielles, russ.: эфирные масла) die im allgemeinen riechenden öligen Produkte, die durch Wasserdampfdestillation von Pflanzen bzw. Pflanzenteilen oder durch Pressen der äußeren Fruchtschalen einiger Citrus-Arten gewonnen werden. Ätherische Öle verdunsten im Gegensatz zu den fetten Ölen vollständig und hinterlassen auf Papier keinen Fettfleck; die durch Wasserdampfdestillation gewonnenen sind meist etwas denaturiert.

Die ätherischen Öle werden nach ihrer Herkunft benannt, entweder unter Verwendung der in der Umgangssprache üblichen Pflanzennamen (wie Nelkenöl, Rosenöl, Kiefernnadelöl) oder der botanischen Bezeichnung (z. B. Blätteröl von Pittosporum tenuifolium, Nadelöl von Abies nordmanniana); lateinische Namen, wie Oleum anisi, sind nur noch in der Pharmazie üblich.

Unter *Blütenölen* versteht man dagegen die aus wohlriechenden Blüten durch Extraktion mit flüchtigen Lösungsmitteln, Enfleurage oder Maceration gewonnenen konkreten sowie die aus diesen erhältlichen absoluten Öle (s. 2.1.2.2.). Entsprechend sind *Resinoide* die konkreten und absoluten Öle aus den anderen Pflanzenteilen und pathologischen Ausscheidungen (Harzen und Balsamen). Blütenöle und Resinoide riechen wegen ihrer schonenderen Gewinnung häufig echter als die entsprechenden ätherischen Öle, haften länger und sind nicht restlos flüchtig (da sie außer dem ätherischen Öl alle in dem Extraktionsmittel löslichen Bestandteile, also auch Wachse des Blattüberzugs usw., enthalten); sie sind aber meist dunkler gefärbt und müssen für viele Zwecke erst aufgehellt werden.

Nach obiger Definition zählen also (konkrete und absolute) Blütenöle und Resinoide nicht zu den ätherischen Ölen, falls diese nicht durch Wasserdampfdestillation von den schwerflüchtigen Bestandteilen getrennt werden; auch Folgeprodukte der ätherischen Öle, wie terpenarme Öle und isolierte Inhaltsstoffe, zählen nicht dazu. In Produktion und Handel hält man sich jedoch nicht streng an diese Definition.

2.1.1.2. Vorkommen

Ätherische Öle sind in der Pflanzenwelt weit verbreitet; prinzipiell enthält jede Pflanze mit riechenden Teilen ein ätherisches Öl. Zu folgenden Familien gehören besonders zahlreiche ölhaltige Arten: *Labiatae*, *Myrtaceae*, *Compositae*, *Rutaceae*, *Pinaceae*, *Umbelliferae*, *Lauraceae*, *Gramineae*, *Leguminosae* und *Taxodiaceae*. Von den heute bekannten etwa 3000 verschiedenen ätherischen Ölen spielen jedoch nur etwa 150 eine praktische Rolle, da hierfür Geruch, Gewinnbarkeit und Haltbarkeit entscheidend sind. Diese Faktoren beeinflussen natürlich die Preise, die für die einzelnen ätherischen Öle sehr unterschiedlich sind; so kostet bulgarisches Rosenöl je nach Marktlage 5600–8500 DM/kg, Neroliöl 1750 DM/kg, Vetiveröl 105 DM/kg, süßes Orangenöl aus Florida 5 DM/kg, Terpentinöl DAB VII 2,50 DM/kg.

Ätherische Öle können in allen Pflanzenteilen vorkommen. Bei zahlreichen Pflanzen sind sie auf ein oder mehrere Pflanzenteile konzentriert; man unterscheidet demnach Blüten-, Blätter- (bzw. Nadel-), Samen-, Wurzel-, Holz-, Rinden-, Fruchtschalen- und Harzöle, die sich bei der gleichen Pflanze häufig charakteristisch unterscheiden. Oft werden jedoch die ganzen Pflanzen destilliert bzw. extrahiert.

Die ätherischen Öle sind meist als solche in den Pflanzen enthalten und können oft schon bei schwacher Vergrößerung als Tropfen in Zellen (Ölzellen) oder größeren Ölbehältern erkannt werden, aus denen sie bei der Isolierung durch mechanische (Zerkleinern, Pressen) oder Hitzezerstörung der Zellwände austreten. Wenige ätherische Öle liegen als geruchlose Glycoside vor (z. B. die Senföle, Bittermandelöl, Wintergrünöl) und werden erst beim Einweichen der Pflanzenteile in Wasser durch enzymatische Spaltung frei.

Wie durch Untersuchungen ermittelt wurde, nimmt der Ölgehalt abgeschnittener Pflanzenteile bei sachgemäßem Lagern im allgemeinen zu, und zwar sowohl durch fermentativen Abbau gebundener ätherischer Öle als auch durch Neubildung als Folge des Stoffwechsels.

2.1.1.3. *Bildung der ätherischen Öle in den Pflanzen*

Voraussetzung für die Aufklärung der *Biogenese* der ätherischen Öle ist die exakte Kenntnis ihrer Zusammensetzung *innerhalb* der Pflanzen; die nach üblichen Methoden gewonnenen sind meist mehr oder weniger denaturiert und führen dadurch zu Fehlschlüssen. Erst durch moderne Analysenmethoden, die mit kleinsten Substanzmengen auskommen, ist es möglich, direkt aus den Ölzellen Proben zu entnehmen und zu untersuchen. Auf diesem Gebiet wird in letzter Zeit verstärkt gearbeitet.

Nach neueren Untersuchungen werden die ätherischen Öle im Protoplasma von Sekretzellen gebildet, die als *exogene* (äußere) oder *endogene* (innere) Drüsen auftreten.

Die *exogenen* Drüsen sind plasmareiche, haarige Sekretzellen (Drüsenschuppen), aus denen das gebildete Öl durch die Zellwände austritt. Am Ausfließen wird dieses zunächst durch die äußere Epidermisschicht (Cuticula) gehindert; nach Überfüllung platzt diese und das Öl wird ausgeschieden, so daß sich die Blätter oft klebrig anfassen.

Endogene Drüsen werden aus Einzelzellen (Ölzellen), Sekretlücken oder röhrenähnlichen Sekretgängen (Drüsenepithelien) gebildet, die im Pflanzengewebe eingeschlossen sind und das ätherische Öl in die Interzellularräume abgeben. Durch Auflösung der Epithelzellen und weiterer umgebender Zellen werden diese Sekretbehälter erweitert, bis nur noch eine durch eine dickere Außenhülle zusammengehaltene Ölschicht übrigbleibt. Beim Verbiegen (z. B. der Apfelsinenschalen) findet Entleeren oder Verspritzen des ätherischen Öls statt.

Nach ihrer Deponierung in den Ölzellen bzw. Ölbehältern werden die ätherischen Öle nicht wieder resorbiert, d. h. ihre Abscheidung ist irreversibel.

Die *Ursachen der Bildung* ätherischer Öle und ihr *Wert* im physiologischen Geschehen für die erzeugende Pflanze sind noch nicht sicher erkannt. Fast allgemein wird heute angenommen, daß die Bildung eine Begleiterscheinung des intensiven Stoffumsatzes von Wachstumsvorgängen — sowohl beim Stickstoff- als auch beim Kohlehydratstoffwechsel — unter Zusammenwirkung von Aldolkondensationen, Dissimilation und Fermentprozessen ist, da im allgemeinen die höchsten Ölmengen bis zum Blütestadium gebildet werden.

Nach W. Treibs [14] besteht die physiologische Rolle der Terpene und Aromaten, der Hauptinhaltsstoffe, in der Lieferung von Verbrennungsenergie für biochemische Synthesen, die bei ihrer Bildung frei wird. Nach ihrer Ablagerung sind die Öle trotz ihres noch hohen Energiegehalts Exkrete, d. h. als am Stoffwechsel nicht mehr beteiligte Schlacken anzusehen.

Neben dieser primären Aufgabe sind noch einige sekundäre wahrscheinlich, die sich nach dem Ablagerungsort unterscheiden. In den *Blüten* dienen sie vermutlich als Hilfsmittel für die Bestäubung, und zwar soll der Duft den Insekten weniger als Lockmittel, sondern als Merkzeichen dienen (Blütenstetigkeit der Bienen!). In den *vegetativen Teilen* sollen sie als Schutzvorrichtung gegen Transpiration, gegen Fraß durch Weidetiere, gegen Infektion durch Pilze und Bakterien dienen (fungicide und bactericide Wirkung wurde bei vielen ätherischen Ölen nachgewiesen). In den unterirdischen Teilen können sie ebenfalls als Abwehrstoffe gegen Mikroorganismen sowie als Wuchshemmstoffe auf Nachbarpflanzen wirken. Ob diese sekundären Auswirkungen für die Pflanzen lebensnotwendig sind, konnte noch nicht entschieden werden.

Interessanterweise enthalten alkaloidreiche Pflanzen weniger oder keine ätherischen Öle und umgekehrt. Dies spricht dafür, daß beide Gruppen je nach den biologischen Vorbedingungen aus den gleichen Zwischenprodukten des Stoffwechsels entstehen (s. 2.1.4.2.1.).

2.1.2. *Gewinnung*

Die ätherischen Öle lassen sich wegen der Empfindlichkeit ihrer Inhaltsstoffe nicht durch direkte Destillation der Pflanzenteile gewinnen, auch nicht im Vakuum. Die ätherischen Öle im engeren Sinne werden durch Wasserdampfdestillation gewonnen, bei der nur flüchtige Stoffe übergehen; allerdings findet auch hierbei mehr oder weniger starke Veränderung der ursprünglichen, in den Pflanzen vorliegenden Öle durch Einwirkung von Temperatur in Gegenwart von Wasser und Pflanzensäuren statt, so daß die Öle meist etwas anders riechen als die Mutterpflanzen. Wasserdampfdestillation ist daher nur für relativ beständige, in Wasser wenig lösliche und in guter Ausbeute anfallende Öle geeignet. Für die empfindlicheren Blütenöle sowie andere, in geringerer Ausbeute erhältliche, wertvollere Öle sind die verschiedenen Extraktionsverfahren besser geeignet. Die so gewonnenen konkreten Öle riechen echter als die destillierten, sind aber meist dunkler und viskoser und enthalten in verdünntem Alkohol schwer lösliche Bestandteile. Viele Öle, vor allem die Citrusschalenöle, werden durch Pressen gewonnen.

2.1.2.1. *Wasserdampfdestillation*

Sie ist eine Trägerdestillation, die nicht nur zur Gewinnung, sondern auch zur Reinigung von Duftstoffen angewendet wird. Bei zwei ineinander löslichen Stoffen *A* und *B* ergibt sich der Dampfdruck P (und damit der Siedepunkt) des Gemischs aus der Summe der Partialdrücke (= Produkte aus den Dampfdrücken P_A und P_B der reinen Stoffe und ihren Molenbrüchen $\varkappa_A$ bzw. $\varkappa_B$) p_A und p_B:

$$P = p_A + p_B = P_A\varkappa_A + P_B\varkappa_B.$$

Der Siedepunkt des Gemischs liegt also zwischen den Siedepunkten der reinen Stoffe A und B.

Bei nicht ineinander löslichen Stoffen beeinflussen sich dagegen die Dampfdrücke nicht; der Gesamtdruck ergibt sich aus der Summe der Dampfdrücke der Komponenten. Daher ist er stets größer als der Dampfdruck jeder Komponente, d. h. das Gemisch siedet tiefer als die tiefstsiedende Komponente. Die prozentuale Zusammensetzung des Destillats ist von der absoluten Menge der Komponenten unabhängig, solange nur von jeder überhaupt etwas vorhanden ist; sie ergibt sich aus dem Verhältnis der Dampfdrucke der Komponenten bei Siedetemperatur:

$$\frac{\text{Molzahl } A}{\text{Molzahl } B} = \frac{P_A}{P_B}.$$

Es wird also durch Zusatz eines fremden Dampfes die Siedetemperatur der zu destillierenden Bestandteile herabgesetzt, da diese nur noch einen um den Partialdruck dieses Dampfes erniedrigten Dampfdruck haben. Im allgemeinen benutzt man Wasserdampf als Trägerdampf.

Der erforderliche Dampfaufwand folgt aus dem Gewichtsverhältnis der abzutrennenden Komponente A zum Wasserdampf:

$$\frac{G_A}{G_{H_2O}} = \frac{p_A \cdot \textit{Molgew. A}}{p_{H_2O} \cdot 18}.$$

Man kann also eine Verbindung, die allein z. B. bei 180° siedet, ohne Vakuum unterhalb 100° destillieren und damit relativ schonend und ohne großen apparativen Aufwand von schwerflüchtigen Verbindungen trennen. Bei der Gewinnung ätherischer Öle läßt sich allerdings diese *ideale Wasserdampfdestillation* nicht realisieren, da keins der Öle in Wasser absolut unlöslich ist. Außerdem setzen die Ölzellen der Pflanzen dem Wasserdampf einen Widerstand entgegen; bei der dadurch *gehemmten Wasserdampfdestillation* ist der Wasserdampf nie mit Öl gesättigt.

Die frischen oder getrockneten, häufig zerkleinerten, ggf. fermentierten Pflanzen oder Pflanzenteile werden in eine je nach Art und Menge dimensionierte Destillierblase eingetragen. Entweder wird Wasser zugegeben und durch direkte Feuerung der Blase oder durch indirekten Dampf (Außenmantel und Heizschlange) zum Sieden erhitzt (*Wasserdestillation*) oder in die Blase (ohne vorherige Wasserzugabe) direkt Wasserdampf eingeleitet (eigentliche *Wasserdampfdestillation*). Letztere Form ist wirtschaftlicher (vor allem für hochsiedende Öle) und wird von größeren Betrieben bevorzugt. Eine Kombination beider Methoden, die *Wasser- und Dampfdestillation*, ist für Kleinbetriebe und Wanderdestillationen geeigneter; hierbei liegt das Material auf Rosten, der Dampf wird durch Erhitzen darunter in der Blase befindlichen Wassers erzeugt.

Ökonomischer ist statt Anwendung normalen Wasserdampfes das Arbeiten mit *ungesättigtem* („*überhitztem*") *Wasserdampf*, da dieser mehr flüchtige Stoffe aufnehmen kann; das Öl—Wasser-Verhältnis liegt nicht mehr fest, sondern kann durch Steigern des Erhitzungsgrades erhöht werden. Allerdings ist die Zersetzung größer. Bei hochsiedenden und empfindlichen Ölen ist Destillation mit *überhitztem Wasserdampf im Vakuum* vorteilhaft, falls man energisch wirkende Kühler benutzt.

Die übergehenden Öldampf-Wasserdampf-Gemische werden in einem Kühlsystem kondensiert und in ätherisches Öl und ölhaltiges Wasser getrennt; hierzu dienen im allgemeinen der *Florentiner Flasche* analog gebaute Systeme (Abb. 5).

Das Wasser fließt entweder in die Destillationsblase zu neuem Pflanzenmaterial, wird verworfen oder — bei besonders wertvollen Ölen — getrennt wiederholt dampfdestilliert (*kohobiert*) oder z. B. durch Adsorption der flüchtigen gelösten Bestandteile an Aktivkohle aufgearbeitet. Die wärmetechnisch sehr unökonomische Kohobation wird nur noch bei Rosen- und Orangenblütenwasseröl durchgeführt.

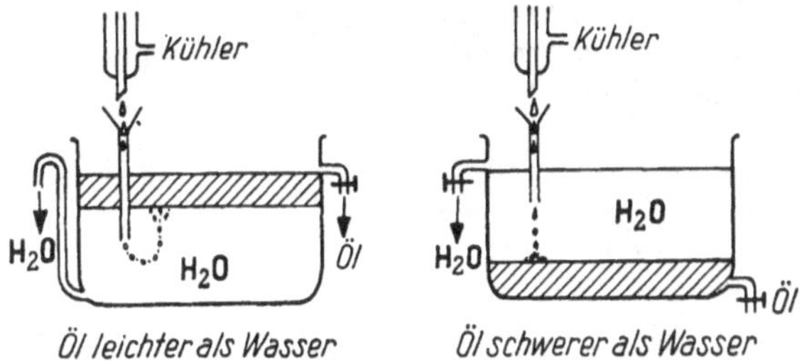

Abb. 5:

Es ist in vielen Fällen vorteilhaft, die abgeschnittenen Pflanzen vor der Destillation zu lagern; durch den Welkprozeß wirken die freiwerdenden Fermente auf die Zellinhaltsstoffe ein. So liefert frisches Patschulikraut nur wenig Öl, erst durch das Welken wird der Hauptteil des Öles frei.

Obwohl die Wasserdampfdestillation wesentlich schonender ist als die — praktisch kaum durchführbare — direkte Destillation der Pflanzen, bewirkt sie außer fermentativer Spaltung auch andere chemische Umsetzungen, vor allem unter dem Einfluß der stets anwesenden Pflanzensäuren. Daher riechen so gewonnene Öle stets anders als Extrakte der gleichen Pflanzen, was z. T. auf Sekundärprodukte im wasserdampfdestillierten Öl zurückzuführen ist.

So enthalten z. B. Ylang-Ylangöl, Geranium- und Neroliöl stets Terpen- und Sesquiterpenkohlenwasserstoffe, die den Extrakten fehlen. Bei der Wasserdampfdestillation von Lavendelblüten werden die Ester teilweise verseift, Linalool teilweise dehydratisiert. Während mit primitiven Apparaten gewonnenes Palmarosaöl nur wenig Geranylester enthält, liefern moderne Anlagen (1—2 Stdn. Destillationszeit) Öle mit 15% Ester. Bei der Gewinnung des Lemongrasöls wird ein Teil des Citrals hydrolytisch gespalten, wobei Methylheptenon entsteht.

Ein Nachteil der Wasserdampfdestillation ist auch die Löslichkeit mancher geruchlich wertvoller Bestandteile der Öle im Destillationswasser. So enthalten z. B. wasserdampfdestilliertes Rosenöl und Neroliöl je nur 1% Phenyläthylalkohol, die Extraktöle dagegen etwa 40 bzw. 35%. Bei ersteren lohnt sich daher die Aufarbeitung der Destillationswässer (s. o.).

2.1.2.2. *Extraktion*

Schonender als die Wasserdampfdestillation sind die verschiedenen Extraktionsverfahren, die man vor allem zur Gewinnung der besonders wohlriechenden und temperaturempfindlichen Blütenöle anwendet.

Ältere, früher besonders in Südfrankreich durchgeführte Verfahren sind *Mazeration* und *Enfleurage.*

Beide Verfahren nutzen die Fähigkeit von Fetten zur Absorption von flüchtigen Stoffen aus. Bei der *Mazeration* werden die Blüten in geeigneter Weise (z. B. in porösen Säckchen) bei Zimmertemperatur in fette Öle, denen z. T. noch tierische Fette zugesetzt sind, gehängt. Die Blüten werden bis zur angestrebten Konzentration erneuert. Die erhaltenen Blütenöle wurden früher direkt zum Salben verwendet, später wurden die riechenden Bestandteile mit Alkohol ausgezogen. Bei der *Infusion* wird genauso, jedoch bei 65° gearbeitet.

Bei der *Enfleurage* werden in Holzrahmen (Chassis) gefaßte Glasplatten beidseitig mit einer dünnen Schicht speziell gereinigten Fettes (Rinder- oder Hammelfett) bestrichen, mit den Blüten (ca. 50 g pro Rahmen) bedeckt übereinandergestellt und stehengelassen. Nach Erschöpfung der Blüten werden diese erneuert, bis das Fett mit den Duftstoffen gesättigt ist (ca. 35mal in 10–12 Wochen); für 2,5 kg Blüten benötigt man etwa 1 kg Fett. Dieses wird dann wie oben aufgearbeitet oder direkt als „Pomade" verkauft.

Diese Verfahren spielen heute nur noch eine untergeordnete Rolle, vorwiegend bei Tuberose und Jasmin, die während der Enfleurage zusätzliches Öl bilden.

Wesentlich größere Bedeutung hat heute die *Extraktion mit tiefsiedenden Lösungsmitteln*, vor allem Petroläther. Hierbei werden Blüten meist frisch oder schwach getrocknet in statischen oder rotierenden Extraktionsapparaten kurze Zeit ausgezogen. Die anderen Pflanzenteile werden meist getrocknet und zerkleinert mit Petroläther und Benzol bei Zimmertemperatur oder Wärme länger extrahiert, wobei zur besseren Benetzung oft Aceton oder Alkohol zugefügt wird. Säfte und Destillationswässer werden meist im Kreislauf extrahiert, um wenig Lösungsmittel zu verbrauchen. Nach beendeter Extraktion wird das Lösungsmittel durch Abdestillieren zurückgewonnen. Dies erfordert natürlich ein Erwärmen des Extraktes, das auch eine gewisse Zersetzung — besonders beim Entfernen der letzten Reste — zur Folge haben kann; außerdem können leichtflüchtige Riechstoffe verlorengehen.

Die so erhaltenen *konkreten Öle* („*concrètes*") enthalten reichlich Wachse und Paraffine, die sich beim Lösen in dem in der Parfümerie vorwiegend benutzten verdünnten Alkohol ausscheiden. Die konkreten Öle sind deshalb als solche fast nur in Seifen- und Kremparfümölen einsetzbar. Für die Benutzung in der Feinparfümerie und für Toilettewässer u. dgl. stellt man aus ihnen durch Ausfällen der schwer löslichen Bestandteile mit verdünntem Alkohol, Filtrieren der abgekühlten Lösung und Abdestillieren des Alkohols im Vakuum die *absoluten Öle* („*absolues*") her, die in verdünntem Alkohol (vorwiegend Äthanol und Isopropylalkohol) löslich sind.

Bei besonders empfindlichen Blütenölen wendet man neuerdings die *Druckextraktion mit verflüssigten Gasen* — besonders Butan — an. Da sich das Gas beim Entspannen ohne Wärmezufuhr restlos verflüchtigt, haben die so erhaltenen Extrakte einen besonders reinen, natürlichen Geruch („Butaflore") und enthalten, da bei tiefen Temperaturen gearbeitet werden muß, nur wenig Paraffine und Wachse. Einige Blütenöle (Flieder, Maiglöckchen, Gardenia) sind nur so einigermaßen naturgetreu zu erhalten.

Außer Blüten werden auch Knospen, Blätter, Rinden, Wurzeln, Harze und Balsame mit Petroläther, Benzol, Aceton u. a. extrahiert. Die so erhaltenen *konkreten Resinoide* ergeben durch Behandeln mit Alkohol entsprechend die *absoluten Resinoide*. Sowohl aus den Blütenölen als auch aus diesen Drogenextrakten werden Teilfraktionen mit besonderen geruchlichen Eigenschaften hergestellt.

Die Resinoide sind geruchlich oft natürlicher als die entsprechenden ätherischen Öle (s. o.) und besser fixiert, stören jedoch z. T. durch ihre dunkle Farbe. Durch gemeinsame Destillation mit Glykolen, Isopropylmyristat u. dgl. lassen sich fast farblose Produkte gewinnen, die jedoch im Geruch schlechter sind. Die konkreten und absoluten Resinoide werden entweder direkt oder in Form verschieden konzentrierter Lösungen (*Tinkturen*) zur Komposition von Parfümölen, oft parallel zu den entsprechenden ätherischen Ölen, verwendet.

2.1.2.3. Pressen

Die Schalenöle der Citrusfrüchte (Citrone, Orange, Mandarine, Limette, Bergamotte usw.) werden überwiegend durch *Pressen* gewonnen, da die Ölbehälter in den äußeren schwammigen Schichten liegen und mechanisch leicht geöffnet und entleert werden. Die gepreßten Citrusöle sind fast so zusammengesetzt wie in den Schalen und besitzen daher den Geruch der Früchte; sie enthalten nur wenige schwer- bzw. nichtflüchtige Verbindungen. Ihre Wasserdampfdestillation führt meist zu starker Geruchsverschlechterung. Mit zunehmender Reife der Früchte nimmt der Ölgehalt ab.

Die Schalen werden entweder von Hand oder maschinell abgetrennt und in ganzen Stücken ausgepreßt (*Sfumatrici*) oder man entfernt die äußeren ölhaltigen Fruchtteile durch Raspelmaschinen (*Pellatrici*) verschiedener Konstruktion. Zirka 15% des Öls bleiben im Preßgut; das Fruchtfleisch wird auf Saft verarbeitet. Die ausgepreßte Flüssigkeit besteht aus Öl und Wasser und bildet unter dem Einfluß von Verunreinigungen und Pektinstoffen eine Emulsion, deren Trennung das größte Problem der Preßverfahren ist.

2.1.2.4. *Terpen- und sesquiterpenarme Öle*

Fast alle ätherischen Öle enthalten u. a. Kohlenwasserstoffe, und zwar meist Terpene und Sesquiterpene (s. 2.1.4.2.), die ihre Löslichkeit in verdünnten Alkoholen herabsetzen (ähnlich den Wachsen und Paraffinen in den konkreten Blütenölen und Resinoiden). Zur Herstellung von Extraits, Haar- und Toilettewässern werden daher sogen. *terpen- und sesquiterpenfreie* (besser: -arme) Öle angeboten, die durch Entfernen dieser Kohlenwasserstoffe durch Destillation, Chromatographie oder Gegenstromverteilung (selektive Löslichkeit der sauerstoffhaltigen Stoffe in Alkohol, der Kohlenwasserstoffe in Pentan) hergestellt werden und die natürlich wesentlich teurer sind als die ätherischen Öle.

2.1.3. *Eigenschaften*

Die ätherischen Öle sind farblose oder farbige, dünn- oder dickflüssige Öle, seltener von halbfester, salbenartiger Konsistenz. Sie sind meist leichter als Wasser und verdunsten völlig. Blütenöle und Resinoide hinterlassen im Gegenstz zu diesen meist einen schwer- bis nichtflüchtigen Rückstand; auch ihr flüchtiger Anteil ist durch natürliche Fixierung (s. 1.3.) meist schwerer flüchtig als das ätherische Öl der gleichen Pflanze.

Die Siedebereiche der ätherischen Öle sind sehr unterschiedlich; im allgemeinen sind sie auch im Vakuum nicht unzersetzt destillierbar. Je nach Art der Inhaltsstoffe sind ätherische Öle, Blütenöle und Resinoide mehr oder weniger empfindlich gegenüber Luft, Licht, Wärme und chemischen Einwirkungen. Zum Schutz gegen Luft und Licht kann man Antioxydantien und UV-Absorber zusetzen. Die Haltbarkeit hängt wesentlich von den Lagerungsbedingungen ab. Man benutzt braune, gefüllte Glasflaschen bzw. größere Behälter aus rostfreiem Stahl, emailliertem oder verzinktem Eisen oder glasiertem Ton; Plastflaschen sind für längeres Lagern ungeeignet, da diese für manche Inhaltsstoffe etwas durchlässig sind.

Je nach der Flüchtigkeit der Bestandteile sind sie mehr oder weniger feuergefährlich.

2.1.4. Inhaltsstoffe

2.1.4.1. Isolierung, Identifizierung, Strukturaufklärung

Die einzelnen ätherischen Öle, Blütenöle und Resinoide sind sehr komplex zusammengesetzt und unterscheiden sich nach Zahl, Art und Mengenverhältnissen der Bestandteile charakteristisch voneinander. Manche Öle bestehen überwiegend aus einer Verbindung, wie Wintergrünöl (bis 99% Methylsalicylat), Lemongrasöl (ca. 80% Citral); andererseits besteht z. B. Mandarinenschalenöl zu 99,2% aus 48 Verbindungen, in den restlichen 0,8% befinden sich noch mindestens 100 [15]. Es gibt keine Arten, deren Öle identisch sind; sogar innerhalb einer Art gibt es botanisch gleiche Pflanzen, die unterschiedliche ätherische Öle liefern (*chemische Rassen*). Daneben schwanken die einzelnen Öle in ihrer prozentualen Zusammensetzung je nach lokaler Herkunft, Jahr und Jahreszeit, Gewinnungs- und Lagerungsmethoden. Berücksichtigt man noch, daß sich viele der Inhaltsstoffe leicht verändern, kann man die Schwierigkeiten ermessen, die sich den auf klassische Methoden angewiesenen Chemikern bei der Analyse boten. Bei der *Isolierung* der Bestandteile war man auf die fraktionierte Destillation und auf die Bildung spaltbarer Derivate angewiesen, bei denen sich empfindliche Substanzen leicht zersetzen oder isomerisieren, außerdem führen sie meist nicht zu reinen Verbindungen. Einen entscheidenden Wandel brachte die Einführung der chromatographischen Methoden*); von diesen eignen sich Papier-, Dünnschicht- und vor allem die Gaschromatographie vorzüglich zum Erkennen von Zahl, Menge und Art der Bestandteile sowie zur *Identifizierung* mit bekannten Verbindungen, Säulen- und Gaschromatographie zur präparativen Abtrennung reiner Bestandteile zur weiteren Charakterisierung mittels geeigneter Derivate (Semicarbazone, 2,4-Dinitrophenylhydrazone, 3,5-Dinitrobenzoate u. a.) oder Spektren bzw. zur Strukturaufklärung unbekannter Verbindungen. Vor allem durch die Gaschromatographie werden — auch in den bereits ausgiebig untersuchten Ölen — ständig neue Verbindungen nachgewiesen, die sich bisher wegen ihrer geringen Konzentration bzw. schlechten Abtrennbarkeit dem Nachweis entzogen. Dabei ist sicher, daß zahllose Spurenkomponenten auch mit den heute empfindlichsten gaschromatographischen Methoden noch nicht erfaßt werden, wie man aus dem Geruchsunterschied zwischen natürlichen und künstlichen, nach der gaschromatographisch ermittelten Zusammensetzung aus reinen Syntheseprodukten nachgebildeten Ölen folgern kann.

Auch für die *Strukturaufklärung* stehen heute wesentlich erleichternde physikalische Hilfsmittel zur Verfügung. Früher war man fast ausschließlich auf chemische Reaktionen angewiesen, z. B. Hydrierung, Oxydation zu höheren Oxydationsstufen oder Spaltprodukten, Dehydrierung zu aromatischen Grundverbindungen usw., die natürlich heute auch noch wichtig sind. Die großen und schnellen Fortschritte bei der Ermittlung der oft recht komplizierten Strukturen wären jedoch ohne die modernen physikalischen Methoden — vor allem Ultraviolett-, Infrarot-, Kernresonanz- und Massenspektroskopie — nicht möglich.

Die *UV-Spektren***) dienen vor allem zur Feststellung konjugierter Doppelbindungen (einschließlich α,β-ungesättigter Carbo-

---

*) Vgl. H. HRAPIA, „*Einführung in die Chromatographie*", Band 30 dieser Reihe, Akademie-Verlag Berlin 1965.

**) Vgl. R. BORSDORF und M. SCHOLZ, „*Spektroskopische Methoden in der organischen Chemie*", Band 21, dieser Reihe, Akademie-Verlag Berlin 1964.

nylverbindungen) nach den empirischen Regeln von WOODWARD und FIESER.

Wesentlich mehr Aussagen erlaubt das *IR-Spektrum**), so über den Substitutionsgrad von Kohlenstoffdoppelbindungen, Gegenwart und Art von Carbonyl- und Hydroxylfunktionen, Ringgröße cyclischer Ketone u. a.

Die *Kernresonanzspektren* (von denen z. Z. vorwiegend die der Protonenresonanz angewendet werden) ermöglichen exakte Aussagen über die Struktur auch komplizierter Verbindungen, wenn Vergleichsverbindungen bekannter Struktur mit ähnlichen Strukturelementen zur Verfügung stehen bzw. die Protonensignale aus der umfangreichen Literatur berücksichtigt werden.

Auch die Aufnahme von *Massenspektren* findet in steigendem Maße Anwendung; die auftretenden Bruchstücke erlauben Rückschlüsse auf die Struktur.

Wertvolle Einblicke — vor allem bei den Polyprenen — erhält man auch durch die *optische Drehung*, da festgestellt wurde, daß gleiche funktionelle Gruppen in gleichen Umgebungen gleiche Beiträge zur optischen Drehung liefern. Zum besseren Vergleich benutzt man die *Molekularrotation*

$$[M] = \frac{[\alpha]_D \cdot MG}{100}.$$

Außer Aussagen über die Struktur neuer Verbindungen sind so auch solche über die Konfiguration bzw. die Zugehörigkeit zu einer bestimmten stereochemischen Reihe möglich. Dies gilt in besonderem Maße für die *optische Rotationsdispersion*, die man durch Messung der Drehung bei verschiedenen Wellenlängen des eingestrahlten Lichts erhält.

Die Bestandteile der ätherischen Öle, Blütenöle und Resinoide sind sehr vielfältiger Natur. Bisher sind ca. 1500 verschiedene Inhaltsstoffe bekannt, ständig kommen neue hinzu. Unter ihnen sind alle wichtigeren funktionellen Gruppen vertreten; es wurden Kohlenwasserstoffe, Alkohole, Aldehyde, Ketone, Säuren, Ester, Lactone, Phenole, Äther und Oxide, N- und S-haltige Verbindungen gefunden. Die Flut der Veröffentlichungen

---

*) Vgl. R. BORSDORF und M. SCHOLZ, „*Spektroskopische Methoden in der organischen Chemie*", Band 21, dieser Reihe, Akademie-Verlag Berlin 1964.

gerade auf dem Gebiet der ätherischen Öle mit ihren interessanten Inhaltsstoffen ist kaum noch zu überblicken.

Im folgenden wird ein Überblick über die wichtigsten Inhaltsstoffe gegeben. Näheres s. bei [16].

2.1.4.2. *Polyprene*

2.1.4.2.1. *Bauprinzip und Eigenschaften*

Den überwiegenden und charakteristischsten Teil der Inhaltsstoffe bilden die *Polyprene* (= Polyisoprene, Terpene) und ihre Derivate, zu denen sowohl acyclische als auch iso- und heterocyclische Verbindungen gehören. Sie sind nach einem gemeinsamen Prinzip gebaut (und werden daher auch als eine Klasse von Naturstoffen zusammengefaßt): Die Bruttoformeln ihrer Grundkohlenwasserstoffe sind im allgemeinen Mehrfache von C_5H_8; man unterscheidet *Monoterpene* $C_{10}H_{16}$ (auch kurz als *Terpene* bezeichnet), *Sesquiterpene* $C_{15}H_{24}$, *Diterpene* $C_{20}H_{32}$ und *Triterpene* $C_{30}H_{48}$*). Den Bau ihrer oft komplizierten Kohlenstoffskelette kann man sich in den meisten Fällen durch regelmäßige Aneinanderlagerung von 2, 3, 4 bzw. 6 Isopreneinheiten entstanden denken, z. B.:

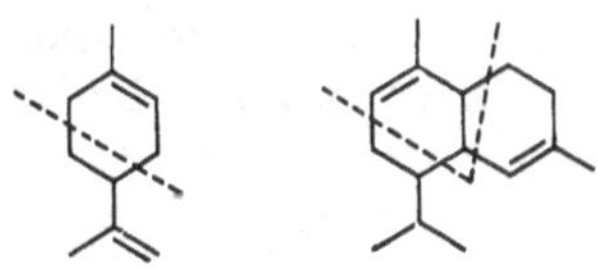

Dies gilt jedoch nur formal; beim *Limonen* ist zwar die Zerlegung in Isopren gelungen (HARRIES, OTT; „Isoprenlampe"), Isopren ist jedoch niemals als Naturstoff ge-

*) Die *Carotinoide*, Pflanzenfarbstoffe der Formel $C_{40}H_{56}$ und ihre sauerstoffhaltigen Derivate gehorchen zwar in ihrem Aufbau der Isoprenregel – wenn auch bedingt – und können als Dehydrierungsprodukte von *Tetraterpenen* aufgefaßt werden; sie werden jedoch als getrennte Klasse von Naturstoffen geführt.

funden worden und auch biogenetisch nicht zu erwarten (siehe unten).

Der Aufbau der Monoterpene war schon 1887 von O. WALLACH vermutet und von F. W. SEMMLER 1903 auf die Sesquiterpene übertragen worden. Die Gültigkeit dieses Bauprinzips für alle Polyprene ist von L. RUZICKA nachgewiesen worden. Da man später Verbindungen fand, für die diese einfache, sogen. *empirische Isoprenregel* nicht anwendbar ist, hat L. RUZICKA [17] später die modifizierte *biogenetische Isoprenregel* formuliert. Diese besagt, daß das C-Gerüst solcher Verbindungen über einen angenommenen Reaktionsmechanismus — ggf. unter C—C-Umlagerung — aus einer begrenzten Anzahl isoprenoider Vorstufen entsteht. Als diese Vorstufen nimmt er an: *Geraniol* für die *Monoterpene*, *Farnesol* für die *Sesquiterpene*, *Phytol* (Geranylgeraniol) für die *Diterpene* und *Squalen* für die *Triterpene*. Hierdurch bilden sich auch einige Polyprene, die keine ganzzahligen Vielfache von C_5H_8 sind, wie *Santen* und *Crypton*, oder unregelmäßig gebaut sind. Im allgemeinen sind die Isopreneinheiten in Kopf-Schwanz-Folge verknüpft, jedoch kennt man auch hier Ausnahmen, z. B. bei *Carotol* und *Daucol* (S. 76).

Je nach dem Cyclisierungsgrad unterscheidet man acyclische, mono-, bi- und tricyclische Monoterpene, acyclische, mono-, bi-, tri- und tetracyclische Sesquiterpene; Di- und Triterpene kommen noch höher cyclisiert vor. Auch zahlreiche heterocyclische Derivate der Polyprenreihe sind isoliert worden, besonders 3- und mehrgliedrige Oxide und substituierte Furane. Durch unterschiedlichen Ringschluß sind vielfältige Strukturen denkbar und zum großen Teil auch nachgewiesen worden; die größte Mannigfaltigkeit zeigen die Sesquiterpene. Wegen des inneren Zusammenhangs gibt man die acyclischen Verbindungen meist in präcyclisierter Form an.

G. POPJÁK wies 1958 nach, daß Isopren selbst verständlicherweise kein Zwischenprodukt der *Biosynthese* der Polyprene ist, wie etwa nach der Isoprenregel zu vermuten wäre, und daß Essigsäure beteiligt ist. F. LYNEN sowie

Bloch gelang es, als „*aktives Isopren*" das Δ^3-Isopentenylpyrophosphat (IPPP, I) zu isolieren, das sich als Ausgangssubstanz der Biosynthese der Polyprene erwies und sich

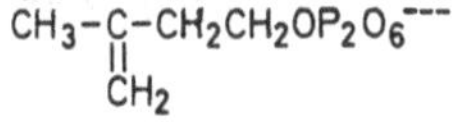

(I)

unter dem Einfluß von Coenzym A und Adenosintriphosphat aus Essigsäure über (R)-Mevalonsäure (II) bildet.

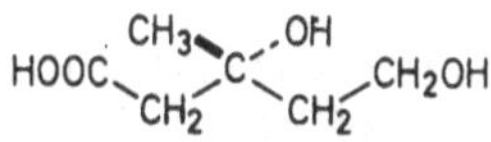

(II)

Aus IPPP entsteht durch IPPP-Isomerase teilweise Dimethylallylpyrophosphat (DAPP) und aus diesem mit IPPP Geranylpyrophosphat; letzteres kann mit DAPP weiter zu Farnesylpyrophosphat kondensieren. Durch sekundäre Umwandlungen (Cyclisierung, Isomerisierung, Oxydation usw.) entstehen die einzelnen acyclischen und cyclischen Polyprene [18].

Mono- und Sesquiterpene sind in ätherischen Ölen in großen Mengen enthalten; Diterpene kommen in ihnen seltener, Triterpene gar nicht vor, beide dagegen in Resinoiden (besonders aus Harzen) und in Pflanzengummis, Triterpene auch in Saponinen und Wollfetten.

In den ätherischen Ölen, Blütenölen und Resinoiden liegen nicht nur die Grundkohlenwasserstoffe $(C_5H_8)_n$ und ihre sauerstoffhaltigen Derivate, sondern auch Hydrierungs- (z. B. Menthole), Dehydrierungs- (z. B. Cosmen) und Hydratisierungsprodukte (z. B. Geraniol) vor.

Für die Strukturaufklärung standen früher nur mühsame Abbaureaktionen zur Verfügung. Eine große Erleichterung bedeutete die Übertragung der von Vesterberg z. B. bei Abietinsäure angewandten *Dehydrierungsmethoden* durch L. Ruzicka auf die Sesquiterpene; hierdurch gelingt in vielen Fällen, durch Identifizierung der entstehenden Aromaten das Grundgerüst festzustellen (angulare Substituenten werden hierbei abgespalten):

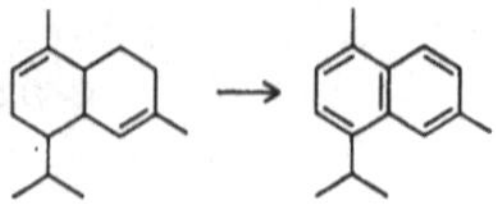

α-Cadinen Cadalin

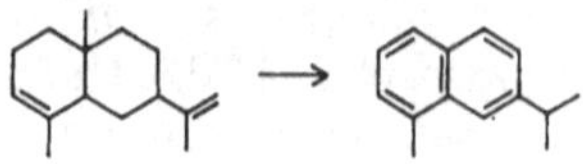

α-Selinen Eudalin

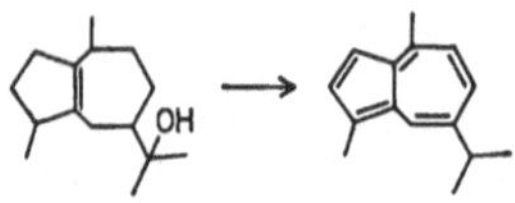

Guajol Guajazulen

Zur Dehydrierung eignen sich Schwefel, Selen, Chloranil, Jod und katalytische Methoden, die alle Vor- und Nachteile haben. So wirkt Schwefel zwar schon bei 200°, aber in homogener Phase, wodurch die Bildung schwefelhaltiger Nebenprodukte begünstigt wird; beim in heterogener Phase wirkenden Selen ist dies zwar etwas zurückgedrängt, man benötigt jedoch höhere, oft Umlagerungen begünstigende Temperaturen (über 300°).

Durch die heute zur Verfügung stehenden spektroskopischen Methoden (s. o.) ist die Strukturaufklärung auch komplizierter Polyprene wesentlich vereinfacht worden und es bedarf häufig nur weniger chemischer Reaktionen, um z. B. mittels der Protonenresonanz ermittelte Konstitutionen zu bestätigen. Vor allem die Chemie der Sesquiterpene hat hierdurch in den letzten Jahren einen enormen Aufschwung erfahren.

Neben den strukturellen Unterschieden spielen bei den Polyprenen sterische Isomerien eine große Rolle. Die *Konfiguration* der Atome oder Atomgruppen — d. h. ihre unmittelbar nicht meßbare Anordnung um den dissymmetrischen oder starren Teil eines Moleküls bzw. um ein asymmetrisches C-Atom — gibt Anlaß zu geometrischer (cis-trans-) und optischer Isomerie. Unter *absoluter Konfiguration* versteht man dabei die tatsächliche Anordnung der Liganden im Raum, nicht nur ihre relative Lage. Im Gegensatz zu diesen Isomerien an den weitgehend starren Teilen eines Moleküls beschreibt die *Konformation* die unendlich vielen Möglichkeiten der räumlichen Anordnung der Atome oder Atomgruppen bei der inneren Rotation um die sie verbindende Einfachbindung. Von diesen sind nur wenige durch Minima der potentiellen Energie ausgezeichnet, d. h. stabil; bei den Derivaten des Äthans z. B. sind das die gestaffelten und ekliptischen Formen bei Cyclohexanderivaten die *axialen* (*a*) und *äquatorialen* (*e*) Konformeren:

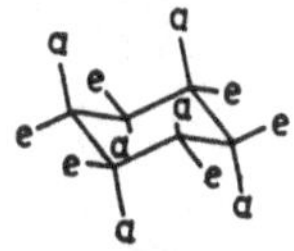

Das charakteristischste Merkmal der Polyprene — besonders der Mono- und Sesquiterpene — ist die Leichtigkeit, mit der sie Umlagerungen und Cyclisierungen eingehen, was ihre Untersuchung sehr erschwert hat. Durch die gründliche Beschäftigung mit diesen Erscheinungen haben die Terpenchemiker entscheidende Beiträge zur Entwicklung der theoretischen organischen Chemie geleistet. Besonders häufig sind WAGNER-MEERWEIN-Umlagerungen (s. S. 57).

2.1.4.2.2. *Monoterpene*

Sie sind die flüchtigsten, am stärksten riechenden und für die Parfümerie (und andere Industriezweige) bedeutendsten Vertreter der Polyprene; zu ihnen gehören die wichtigen Kohlenwasserstoffe $C_{10}H_{16}$ der Terpentinöle (*α*- und *β-Pinen*, *Caren-3* u. a.) und deren Umwandlungsprodukte (*Campher*, *Terpineol*, *Limonen*, *Camphen*, *Isobornylacetat* usw.) sowie wichtige Inhaltsstoffe anderer ätherischer Öle wie *Geraniol*, *Linalool*, *Citral* und *Menthol*.

2.1.4.2.2.1. *Acyclische Monoterpene*

Diese Klasse umfaßt zwar nur wenige, aber für die Riechstoffindustrie sehr wichtige Vertreter. Sie besitzen vorwiegend das *2,6-Dimethyloctan-Gerüst*; Ausnahmen sind z. B. *Lavandulol* und *Artemisiaketon*. Sie haben mindestens eine Doppelbindung, und zwar im Isopropylrest.

Während man früher auf Grund von Abbaureaktionen (z. B. Ozonisierung zu HCHO und CH_3COCH_3) annahm, daß diese Terpene Gemische aus *Isopropyliden-* (β-) und *Isopropenyl-* (α-)Formen sind, hat man vor einigen Jahren — vor allem mittels der IR-

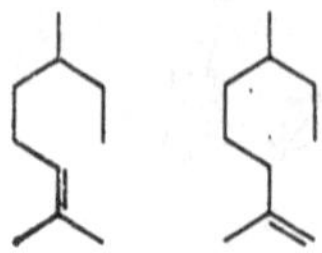

β- α-
Form

Spektroskopie — nachgewiesen, daß die natürlichen Verbindungen vorwiegend aus den β-Formen bestehen und höchstens 2—3% der α-Form enthalten; letztere entstehen in größerer Menge erst bei der Isolierung durch Isomerisierung unter dem Einfluß von Protonen.

Säuren führen außerdem leicht zur Cyclisierung, wobei vorwiegend Verbindungen des *p-Menthan-Typs* (s. S. 49) entstehen.

Von den Kohlenwasserstoffen sind *Myrcen* und *Ocimen* in ätherischen Ölen häufig vertreten; *Alloocimen* entsteht (neben α- und *β-Pyronen*) bei der Pyrolyse von *α-Pinen*. Das Dehydroterpen *Cosmen* $C_{10}H_{14}$ kommt nur in wenigen Compositenölen vor.

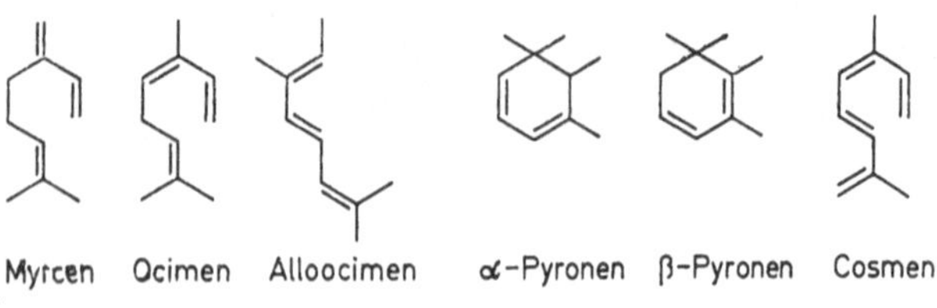

Myrcen Ocimen Alloocimen α-Pyronen β-Pyronen Cosmen

Myrcen wird technisch in großen Mengen durch Pyrolyse des *β-Pinens* (aus amerikanischem Terpentinöl) gewonnen und dient als Rohstoff für die Synthese von *Citral, Geraniol, Linalool* usw. (s. S. 131).

Die acyclischen Monoterpenalkohole sind wichtige Riechstoffe, die in großen Mengen eingesetzt werden. Sie sind in vielen ätherischen Ölen enthalten (u. a. in Geranium- und Rosenöl), werden jedoch nur aus wenigen gewonnen: *Geraniol* aus Palmarosa- und Citronellöl, *Linalool* aus Rosenholz- (Linaloe-), Coriander- und Shiuöl (Campherölart), *Citronellöl* meist durch Hydrierung von Citronellölfraktionen. Daneben werden sie heute in gro-

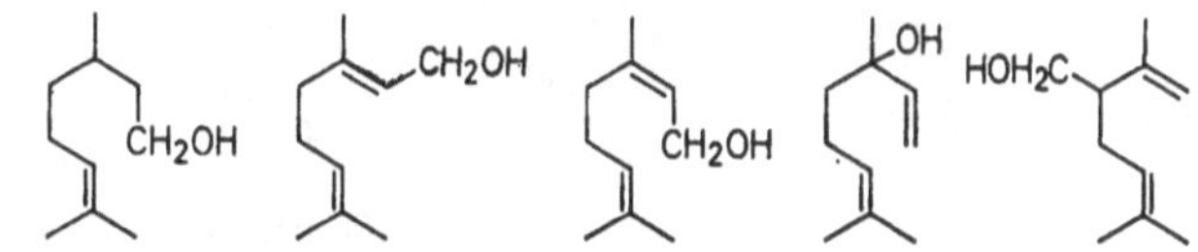

Citronellol Geraniol Nerol Linalool Lavandulol

ßen Mengen aus *Myrcen* synthetisiert (s. S. 131). Sie kommen z. T. auch als Ester vor (vor allem Acetate, Propionate); für Riechstoffzwecke stellt man vorwiegend Acetate her: *Geranyl-*, *Citronellyl-* und das stark lavendelbergamottähnlich riechende *Linalylacetat*. Diese Veresterungen sind technisch nicht einfach, da leicht Dehydratisierungen, Doppelbindungsverschiebungen und Cyclisierungen stattfinden, besonders beim (tertiären) *Linalool*; dieses bildet neben *Linalylacetat* (und Kohlenwasser stoffen) unter Allylverschiebung *Geranyl-* und *Nerylaceta* und unter Cyclisierung *α-Terpinylacetat*. *Lavandulo* wurde im Lavendel- und Lavandinöl nachgewiesen.

Geraniol und *Nerol* sind *cis-trans*-Isomere der gleichen Struktur, von denen *Geraniol* als *trans*-Form energetisch begünstigt und daher häufiger ist und in größerer Menge vorkommt als *Nerol*; letzteres ist jedoch geruchlich wertvoller. Beide cyclisieren säurekatalysiert zu *α-Terpineol*, *Nerol* wegen der *cis*-Lage schneller; sie lassen sich in *Linalool* umlagern. Die erste, später auch technisch (vgl. S. 132) verwertete Synthese des *Linalools* gelang

L. Ruzicka und V. Fornasir 1919 durch Äthinylierung von Methylheptenon und partielle Hydrierung des gebildeten Dehydrolinalools.

Die beiden Aldehyde dieser Reihe, *Citral* und *Citronellal*, sind wichtige Rohstoffe für Riechstoffsynthesen. *Citral* ist ziemlich weit verbreitet; zur Isolierung dienen vorwiegend die Lemongrasöle (bis 85%) und *Litsea cubeba*-Öl (bis 75%).

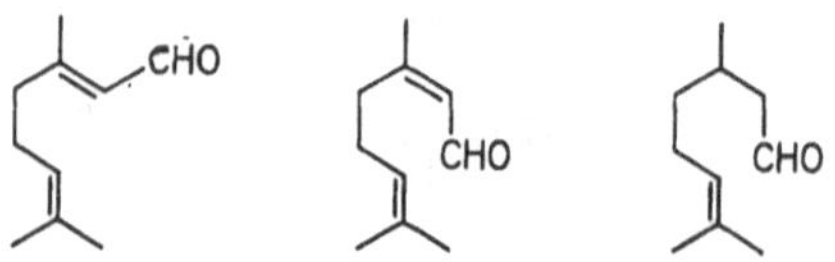

Citral a (Geranial) Citral b (Neral) Citronellal

Es liegt als Gemisch zweier *cis-trans*-Isomerer a und b (*Geranial* und *Neral*) vor. Durch Alkalien wird *Citral* (wie auch *Geraniol*) hydrolytisch in *Acetaldehyd* und *2-Methylhepten-2-on-6* gespalten, das daher *Citral* in ätherischen Ölen häufig begleitet.

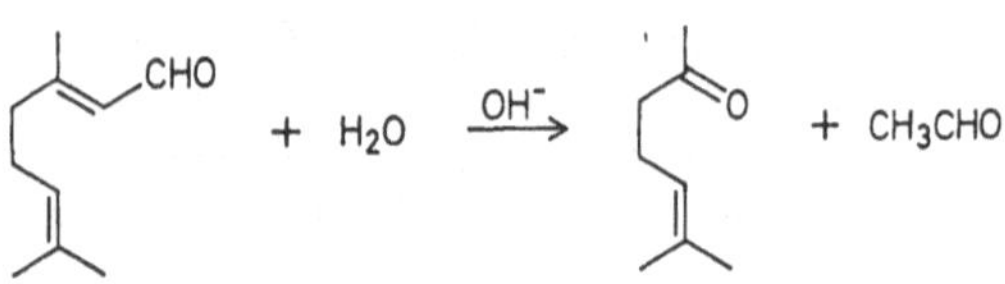

Citral geht zahlreiche basenkatalysierte Kondensationsreaktionen mit aktiven Methylenverbindungen ein; hierdurch sind die *Jonone* zugänglich (s. S. 146).

Citronellal wird aus Citronellöl gewonnen und dient vorwiegend zur Herstellung von *Citronellol* und „*Hydro*-

xycitronellal" (8-Hydroxy-dihydrocitronellal), einem wichtigen Riechstoff für Blumenbasen (vgl. S. 144). Für *Citronellal* ist seine leichte Cyclisierung zu *Isopulegol* charakteristisch, das wegen seines minzigen Geruches häufig bei Folgeprodukten des *Citronellals* und auch des *Citronellols* stört. Wichtig ist diese säurekatalysierte Cyclisierung jedoch zur Synthese des *Menthols* (S. 51).

Die Ketone der acyclischen Reihe — *Dihydrotageton, Tageton* und *Tagetenon* aus dem Blütenöl von *Tagetes glandulifera* und die irregulär gebauten *Artemisiaketon* und *Isoartemisiaketon* — besitzen kein praktisches Interesse.

Ein Folgeprodukt des *Citronellols* ist *Rosenoxid*, das kürzlich in Rosen- und Geraniumöl entdeckt und mehrfach synthetisiert wurde (s. S. 160). Auch andere Oxide acyclischer Monoterpene sind in ätherischen Ölen gefunden

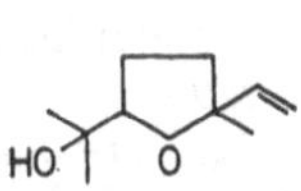

Linalooloxid

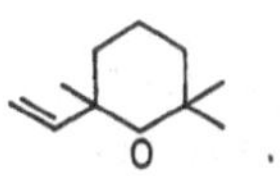

2,6,6-Trimethyl-2-vinyl-tetrahydrofuran

worden, so *Linalooloxid* u. a. im Shiuöl, *2,6,6-Trimethyl-2-vinyltetrahydrofuran* im destillierten Limettöl.

2.1.4.2.2.2. *Monocyclische Monoterpene*

Die meisten Verbindungen dieser Reihe haben das C-Gerüst des *p-Menthans*; sie sind durch Dehydrierung zu p-Cymol, Abbaureaktionen und gegenseitige Umwandlungen aufgeklärt worden.

Es gibt 6 doppelbindungsisomere *p-Menthene*, die in der Natur jedoch kaum vorkommen. Verbreitet sind dagegen 8 der 14 *p-Menthadiene:*

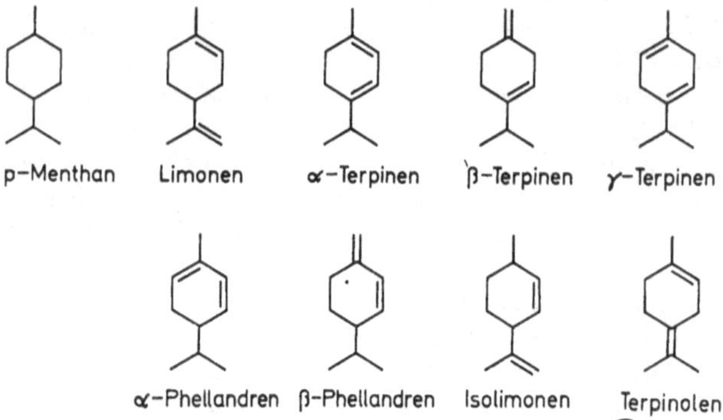

(47)

Da diese Kohlenwasserstoffe sauerstoffempfindlich sind, verursachen sie das Verharzen der an diesen reichen Öle. Besonders häufig kommt *Limonen* (dl-Form: *Dipenten*) vor, der Hauptbestandteil der Citrusschalenöle. Die Kohlenwasserstoffe entstehen auch durch säurekatalysierte Dehydratisierung der entsprechenden Alkohole als Gemische, z. B. aus *α-Terpineol* (vgl. S. 164). Sie dienen als Lösungsmittel (vor allem *Limonen* und auch *Terpinolen*) sowie als Bestandteile für Parfümöle für billige Produkte wie Bohnerwachs, Schuhcreme usw.

Die sauerstoffhaltigen Derivate lassen sich nach dem Sitz der 0-Funktion in 4 Gruppen einteilen: in die *Menthon-*, *Carvomenthon-*, *1,8-Cineol-* und *1,4-Cineol*-Gruppe.

2.1.4.2.2.2.1. Menthongruppe

Der wichtigste Alkohol der monocyclischen Monoterpene ist *Menthol*, das in linksdrehender Form Hauptbestandteil der Pfefferminzöle (S. 110) ist und auch in anderen Labiatenölen vorkommt. Wegen seines kühlenden Pfefferminzgeschmacks wird es in großen Mengen in

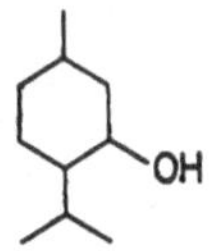

Menthol

Zahnpasten und zur Aromatisierung eingesetzt; als Riechstoff hat es keine große Bedeutung.

Menthol existiert in 4 Isomeren, die sich in ihrer Konformation, den physikalischen Eigenschaften und im Geruch unterscheiden:

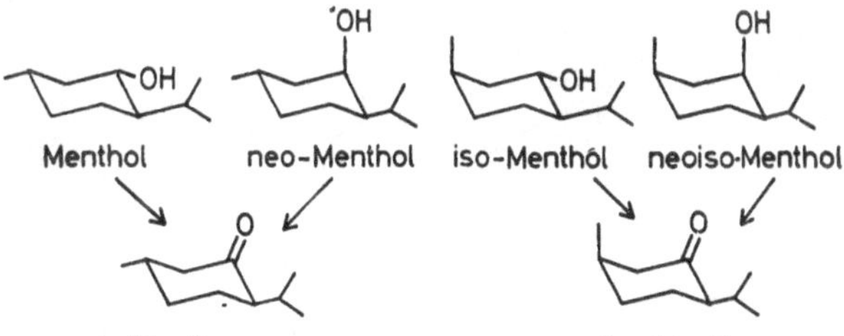

Sie lassen sich zu den entsprechenden *Menthonen* oxydieren, die sich nur noch durch die Konformation der ringständigen Methylgruppe unterscheiden und ebenfalls in Mentha- und anderen Ölen vorkommen. Von den 4 Mentholisomeren besitzt nur *Menthol* den gewünschten Geruch und Geschmack. (—)-*Menthol* wird in großen Mengen aus den Minzölen isoliert und aus verwandten Alkoholen und Ketonen hergestellt. Bei der Reduktion der Ketone entstehen allerdings stets Gemische der stereoisomeren Formen. (±)-*Menthol* wird vollsynthetisch aus m-Kresol gewonnen; die Hydrierung des durch Propylierung erhältlichen Thymols gibt ebenfalls Isomerengemische. Hauptproblem dieser Synthesen ist die Unter-

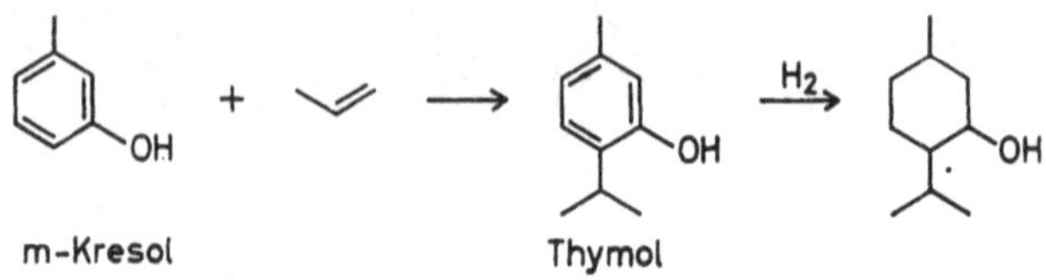

drückung oder Isomerisierung der unerwünschten Formen bzw. deren Abtrennung.

Die zur Herstellung des Menthols benutzten Alkohole und Ketone sind *Isopulegol*, *Piperiton*, *Piperitenon* und *Pulegon*:

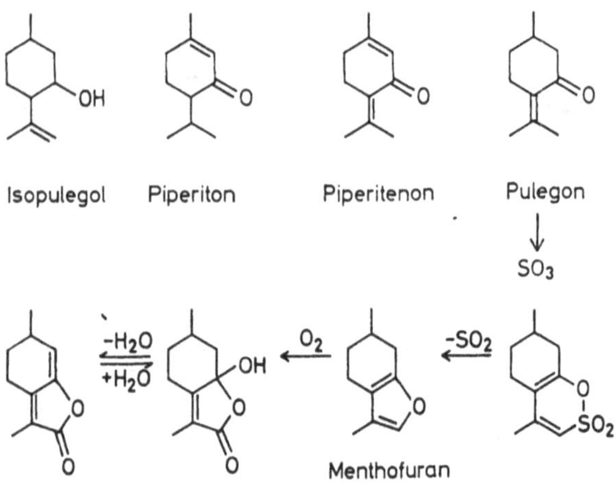

(+)-*Pulegon* ist ein häufiger Bestandteil ätherischer Öle, z. B. der Hauptbestandteil des Poleiöls (von *Mentha*

pulegium). *Isopulegol* entsteht leicht durch säurekatalysierte Cyclisierung von *Citronellal* (s. S. 48). *Piperitenon* kommt ebenfalls im Poleiöl vor, *Piperiton* neben *Piperitol* in zahlreichen Eucalyptusölen (in manchen bis zu 40%).

Pulegon bildet mit Oleum in Essigsäureanhydrid das Sulton (cyclischer Isopulegenolsulfonsäureester), das bei der Pyrolyse das mentholähnlich riechende *Menthofuran* ergibt. Dieses kommt u. a. in wechselnden Mengen in allen Pfefferminzölen von *Mentha piperita* vor, dagegen nicht in den Minzölen von *Mentha arvensis*; es wird durch O_2 leicht zum Hydroxylacton oxydiert.

In einigen *Lippia*-Arten und Labiaten ist *Piperitenonoxid* (*Lippion*) enthalten, ebenfalls *Lippiaphenol* (*Diosphenolen*); *Diosphenol* kommt im Buccublätteröl vor.

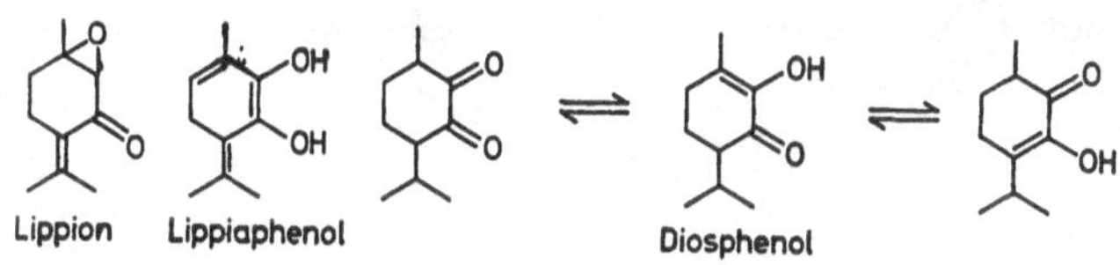

2.1.4.2.2.2.2. Carvomenthongruppe

Die *Carvomenthole* und *Carvomenthone* stehen im gleichen Verhältnis zueinander wie die *Menthole* und *Menthone*. Die *Carvomenthone* kommen selten, die *Carvomenthole* garnicht vor.

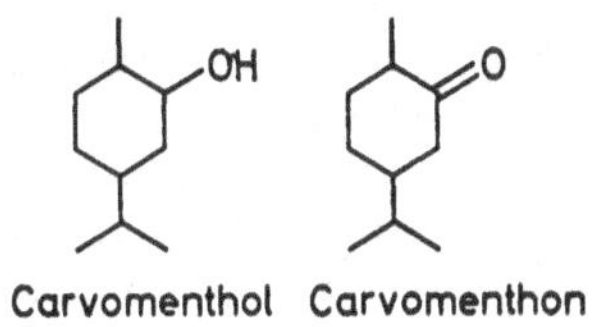

Sehr verbreitet ist dagegen *Carvon*, der Hauptbestandteil von Kümmel- und Dillöl; es ist eine stark nach Kümmel riechende, gelbliche Flüssigkeit. *Carvon* hängt strukturell eng mit *Limonen* zusammen, aus dessen Nitrosochlorid

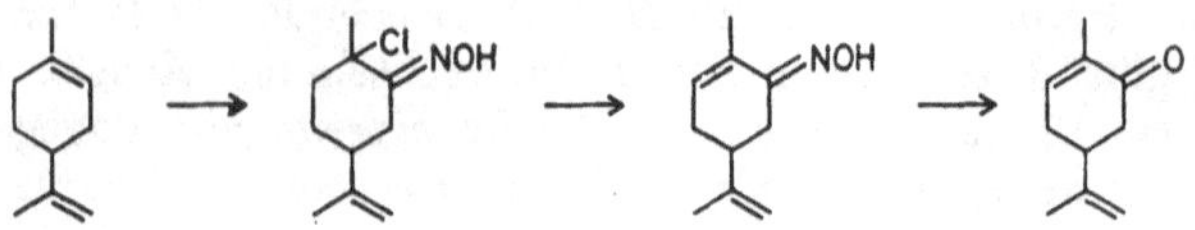

Limonen Carvon

es sich über das Oxim synthetisieren läßt. WOLFF-KISHNER-Reduktion ergibt *Limonen* zurück, Behandlung mit Säuren *Carvacrol*. *Carvon-hydrobromid* bildet mit Basen *Eucarvon:*

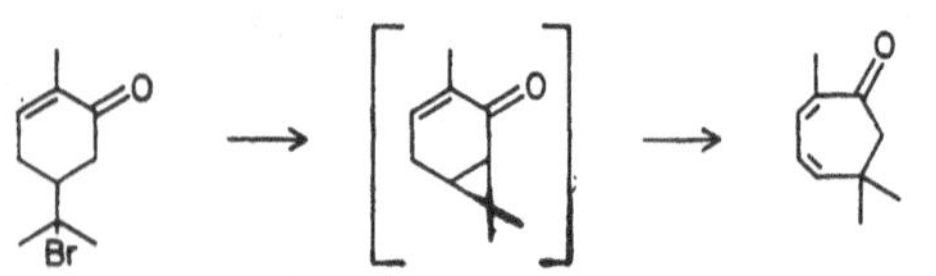

Carvon-hydrobromid Eucarvon

2.1.4.2.2.2.3. 1,8-Cineolgruppe

1.8-Cineol (*Eucalyptol*) ist ein weitverbreiteter Äther, der geruchsbestimmender Bestandteil vieler Eucalyptusöle ist. Es ist gegen Oxydationsmittel sehr beständig und läßt sich leicht als stabiles Oxoniumsalz mit Resorcin, H_3PO_4 u. a. isolieren und reinigen. Beim Erhitzen mit

Essigsäureanhydrid bildet *1,8-Cineol* die Acetate des *1,8-Terpins* und des *α-Terpineols.*

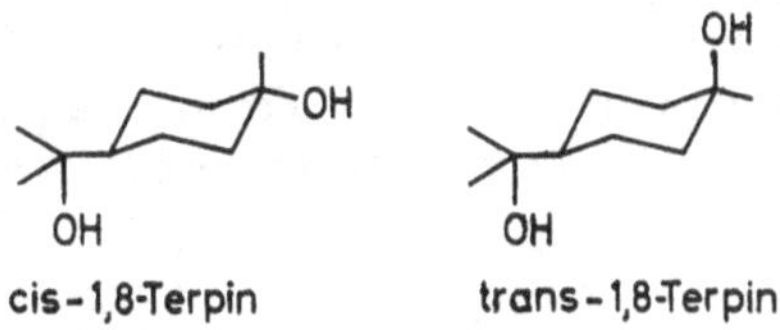

1,8-Terpin kommt nicht in ätherischen Ölen vor; es existiert in 2 *cis, trans*-isomeren Formen. Von diesen bildet die *trans*-Form ein schön kristallisierendes Hydrat (*Terpinhydrat*), das in großen Mengen durch Hydratisierung der *Pinene* (bzw. entsprechender Terpentinölfraktionen) mit verdünnten Mineralsäuren hergestellt und zu den *Terpineolen* dehydratisiert wird (s. S. 163):

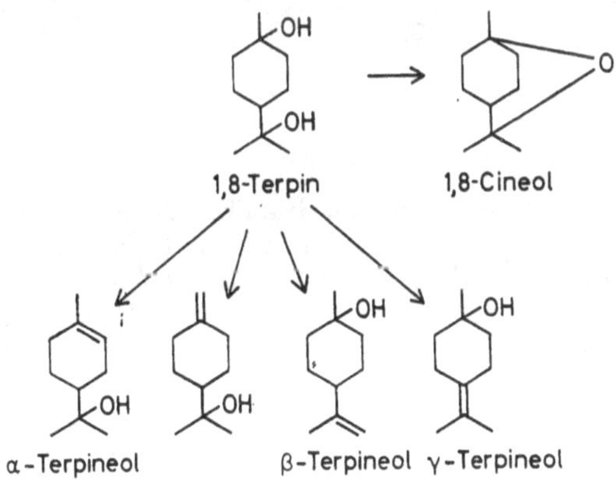

Die *Terpineole* (vor allem *α-Terpineol*) kommen in vielen ätherischen Ölen vor; das synthetische *Terpineol* und sein Acetat sind wichtige Riechstoffe.

2.1.4.2.2.2.4. 1,4-Cineolgruppe

1,4-Cineol kommt seltener als das 1,8-Isomere vor und bildet keine kristallisierten Oxoniumsalze. Es entsteht bei der Dehydratisierung von *1,4-Terpin*, das formell als Grundsubstanz der *Terpinenole* angesehen werden kann:

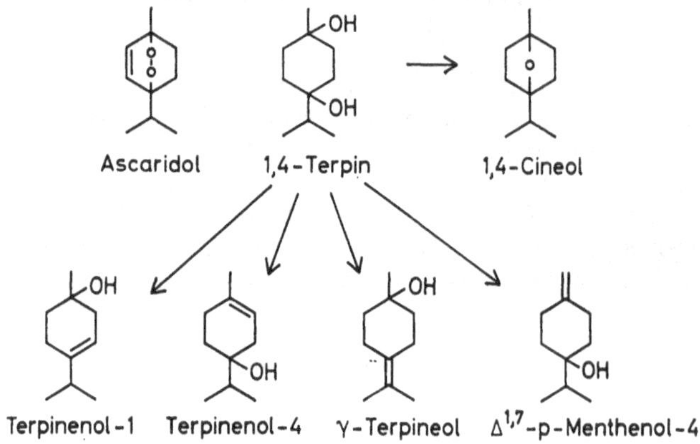

Die *Terpinenole* sind im Handelsterpineol enthalten. *Trans-1,4-Terpin* entsteht u. a. durch Hydratisierung von *Sabinen*, *α-Thujen* und *Terpinenol-4*, *cis-1,4-Terpin* durch Hydrierung von *Ascaridol*. Dieses Peroxid ist der Hauptbestandteil des amerikanischen Wurmsamenöls und mehrerer anderer Chenopodiumöle. Es läßt sich als Thioharnstoffaddukt reinigen, reagiert mit starken Säuren sehr heftig und explodiert beim Erhitzen. Seine Synthese gelang durch Photoaddition von Sauerstoff an *α-Terpinen*. Es verursacht die wurmwiderige Wirkung des Chenopodiumöls; seine Anwendung muß jedoch vorsichtig erfolgen und streng kontrolliert werden, da es sehr giftig ist.

2.1.4.2.2.3. Bicyclische Monoterpene

Die wegen ihrer Umlagerungsreaktionen interessanten bicyclischen Monoterpene lassen sich formal folgenden gesättigten Grundverbindungen zuordnen:

Thujan

Caran

Pinan

Camphan

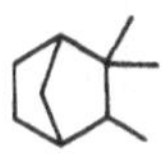
Isocamphan

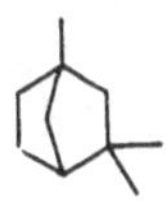
Fenchan

Isobornylan

Als Schlüsselverbindungen der Derivate der letzten 5 Typen sind wohl die beiden *Pinene* anzusehen, aus denen sich die anderen durch Umlagerungen, Hydratisierungen mit nachfolgender andersgerichteter Dehydratisierung usw. ableiten.

Die bicyclischen Monoterpene sind mit den monocyclischen durch zahlreiche Übergänge verknüpft; sie können meist leicht in *p-Cymol* übergeführt werden. Die Thujan- und Caranderivate spalten unter der Einwirkung von Säuren leicht den Dreiring auf, wobei monocyclische Isomere entstehen — aus *Δ^3-Caren* z. B. *Dipenten* und *Carvestren*. Die Derivate der anderen Bicyclen gehen hierbei in polaren Lösungsmitteln als WAGNER-MEERWEIN-Umlagerungen bezeichnete reversible Alkylcarbenium-Umlagerungen ein, bei denen das Kohlenstoffgerüst verändert wird. Die WAGNER-MEERWEIN-Umlagerung ist vorwiegend an den Übergängen *α-Pinen → Bornylchlorid → Camphen → Isobornylchlorid* und *Fenchol →*

Fenchene untersucht worden. Für ersteren läßt sich folgendes Schema angeben:

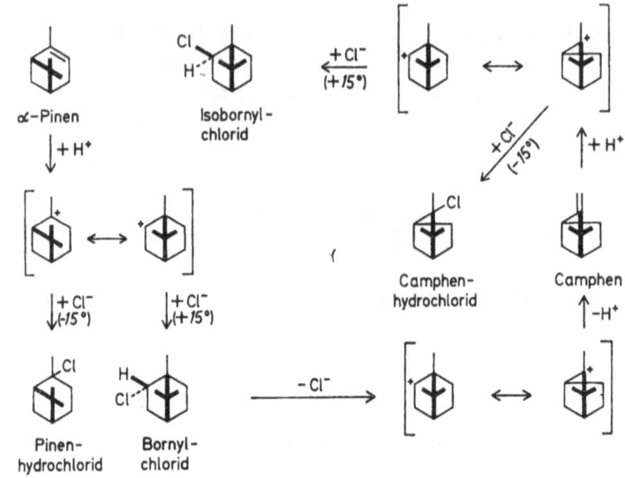

Wie ersichtlich, entstehen bei der Einwirkung von HCl auf *Pinen* und *Camphen* die Hydrochloride nur unterhalb $-15°$, oberhalb findet Umlagerung statt; diese ist die Grundlage der technischen Camphersynthese. In einer Nebenreaktion spaltet der Ring auf, wobei sich monocyclische Derivate bilden; bei der Herstellung von *Terpineol* wird diese Ringaufspaltung zur Hauptreaktion (s. S. 163).

Ein Spezialfall dieser Carbeniumion-Umlagerungen ist die ohne Veränderung des Ringskeletts erfolgende NAMETKIN-Umlagerung. Sie führt zur Bildung des optischen Antipoden und damit zur partiellen oder totalen Razemisierung optisch aktiver Verbindungen, z. B. bei *Camphen:*

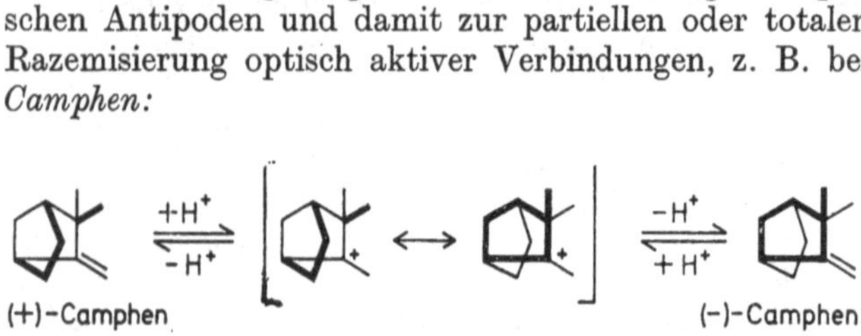

Auch die unregelmäßig gebauten Terpene, die kein Isoprenskelett enthalten, dürften über solche Umlagerungen entstanden sein, z. B. Santen C_9H_{14} aus Teresantalsäure:

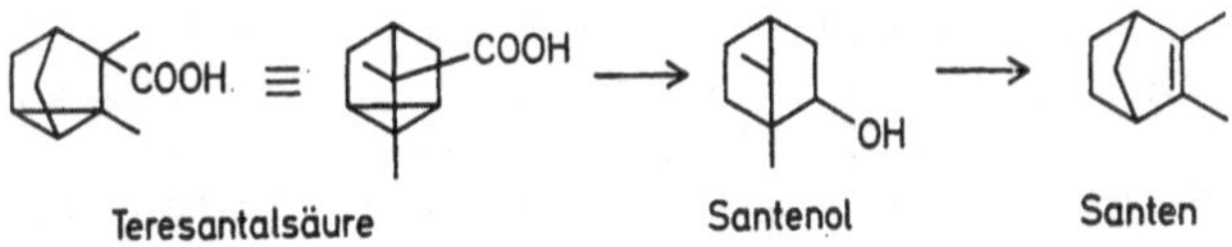

2.1.4.2.2.3.1. Thujangruppe

Von dieser sind nur folgende Vertreter in ätherischen Ölen enthalten:

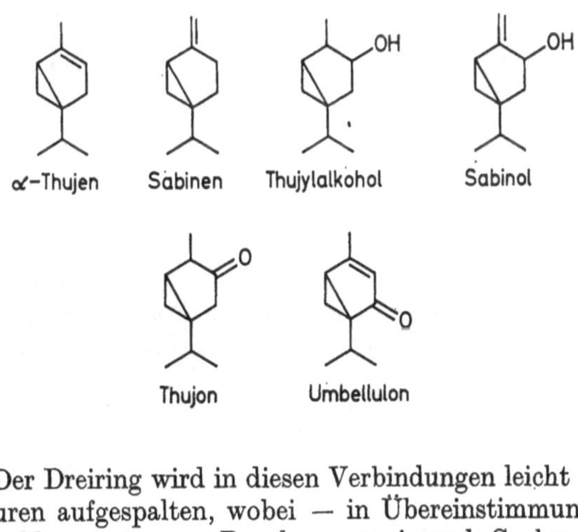

Der Dreiring wird in diesen Verbindungen leicht durch Säuren aufgespalten, wobei — in Übereinstimmung mit der MARKOWNIKOFF-Regel — vorwiegend Cyclopentanderivate entstehen, z. B. aus *Thujon Isothujon* (2,3-Dimethyl-4-isopropylcyclopenten-2-on-1).

2.1.4.2.2.3.2. Carangruppe

In verschiedenen Terpentinölen kommen die *Carene* – vor allem *Δ^3-Caren* (*Caren-3*) – in großen Mengen vor. Sie haben als Isolate noch keine große technische Bedeutung gefunden und man bemüht sich noch, gute Riechstoffe aus ihnen herzustellen. Einwirkung von HCl auf *Caren-3* ergibt *Dipenten-(dl-Limonen-)* und *Carvestren-(dl-Sylvestren-)* Hydrochlorid. Das von *m-Menthan* abgeleitete *Sylvestren* ist kein natürlicher Bestandteil ätherischer Öle, sondern entsteht erst bei der Gewinnung carenhaltiger Öle.

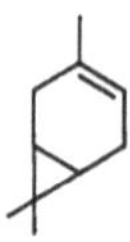

Δ^3-Caren

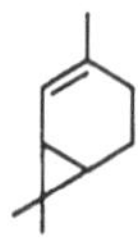

Δ^4-Caren

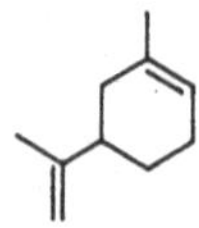

Sylvestren

2.1.4.2.2.3.3. Pinangruppe

Zu dieser gehören die mengenmäßig und technisch bedeutendsten Polyprene, die beiden *Pinene*, die Hauptbestandteile der Terpentinöle. Von diesen überwiegt bei weitem *α-Pinen*; das für Riechstoffsynthesen bedeutendere (—)-*β-Pinen* läßt sich rationell nur aus amerikanischem, französischem und bulgarischem Terpentinöl gewinnen, im deutschen Terpentinöl wird *α-Pinen* vor allem von *Caren-3 begleitet.*

Die von G. Wagner für *α-Pinen* in genialer Weise aufgestellte Strukturformel wurde von A. v. Baeyer durch oxydativen Abbau bewiesen.

Mit $KMnO_4$ entstehen Pinonsäure (I) und Pinoylameisensäure (II); aus I erhielt er mit NaOBr Pinsäure (III), aus dieser über Brom- und Hydroxypinsäure cis-Norpinsäure (IV). Mit verdünnten Säuren bildet sich aus I Homoterpenylmethylketon (V), aus

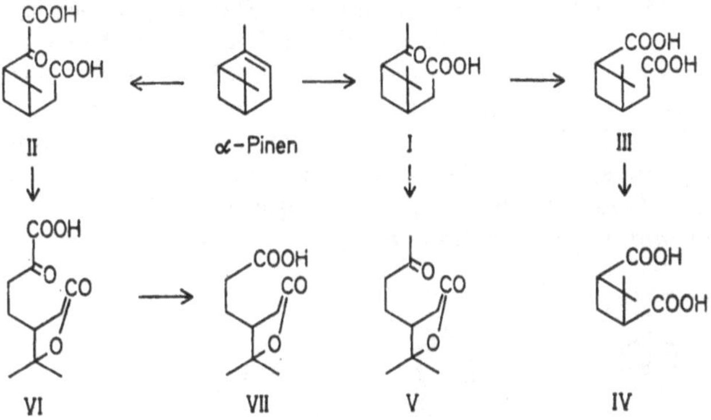

II Homoterpenylameisensäure (VI), die leicht zu Homoterpenylsäure (VII) oxydiert wird. V erhielt schon O. WALLACH aus *α-Terpineol.*

β-Pinen gibt bei der Oxydation mit $KMnO_4$ Nopinsäure; diese bildet mit Bleitetraacetat Nopinon, welches durch Oxydation mit HNO_3 in Homoterpenylsäure übergeht.

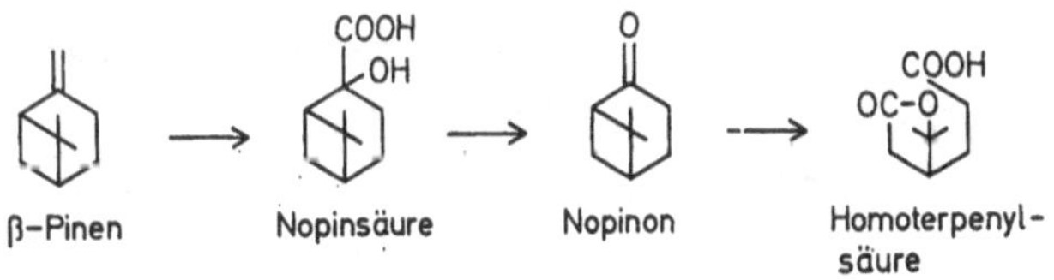

α-Pinen und *β-Pinen* sind mehrfach synthetisiert worden; nach neueren Verfahren läßt sich *α-Pinen* in technischem Maßstab zu *β-Pinen* isomerisieren. Die beiden *Pinene* sind Rohprodukte der technischen Camphergewinnung (s. S. 64).

Bei der Pyrolyse von *α-Pinen* entsteht u. a. (bis 50%) *Alloocimen*, das zu *α-* und *β-Pyronen* cyclisiert (s. S. 46). *α-Pinen* ist sehr empfindlich gegen Sauerstoff; auf der eintretenden Verharzung beruht die Verwendung der Terpentinöle als Lacklösungsmittel.

Die funktionellen Derivate der *Pinene* sind weniger bedeutend; es sind im wesentlichen *Verbenol*, *Verbenon*, *Myrtenol*, *Myrtenal*, *Pinocarveol* und *Pinocarvon*. Diese Verbindungen spielen bei der Sauerstoffoxydation der *Pinene* in Gegenwart von Wasser eine Rolle, die über Hydroperoxide verläuft. *α-Pinen* bildet hierbei *Verbenol* und *Verbenon* (die u. a. im ätherischen Öl von *Boswellia serrata* vorkommen), daneben *Sobrerol:*

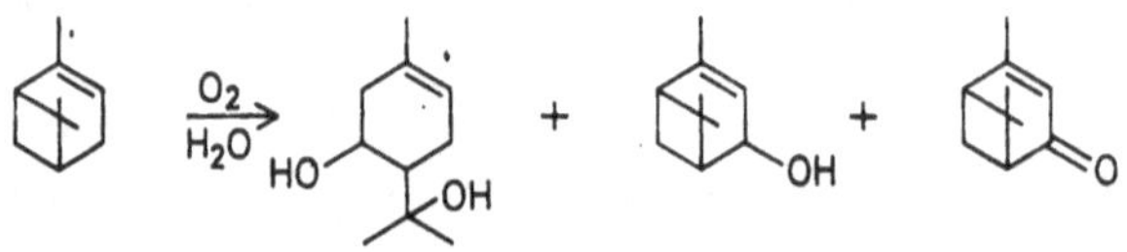

α-Pinen Sobrerol Verbenol Verbenon

β-Pinen ergibt *Pinocarveol* (das linksdrehend im Öl von *Eucalyptus globulus* vorkommt) und – nach Allylumlagerung – *Myrtenol* und *Myrtenal* (Bestandteile des Myrtenöls u. a.):

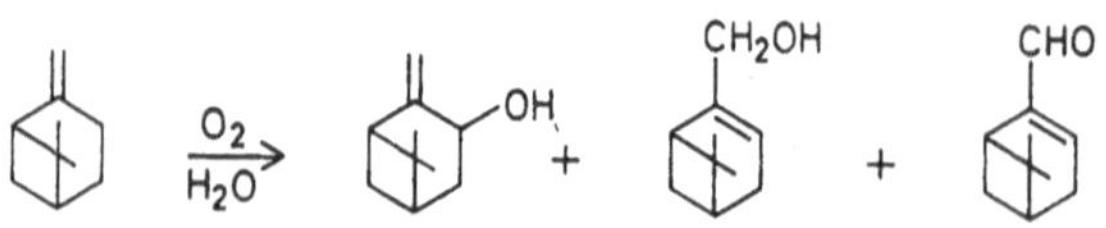

β-Pinen Pinocarveol Myrtenol Myrtenal

Verbenol und *Pinocarveol* (die je in einer *cis-* und einer *trans*-Form existieren) lassen sich zu *Verbanol* bzw. *Pinocampheol* hydrieren; letzteres kommt neben *Pinocamphon* im *Ysopöl* vor. Von *Verbanol* und *Pinocampheol* sind – analog *Menthol* und *Carvomenthol* – je 4 Stereoisomere bekannt, von denen bei der Oxydation je 2 ein Keton ergeben, so daß je 2 isomere *Verbanone* und *Pinocamphone* existieren.

2.1.4.2.2.3.4. *Camphangruppe*

Der einzige in ätherischen Ölen vorkommende Kohlenwasserstoff dieser Klasse ist *Bornylen* (im Öl von *Curcuma caesia*). Sehr verbreitet sind dagegen *Borneol* und *Bornylacetat* sowie *Campher*; *Isoborneol* und *Isobornylacetat* sind synthetisch zugänglich.

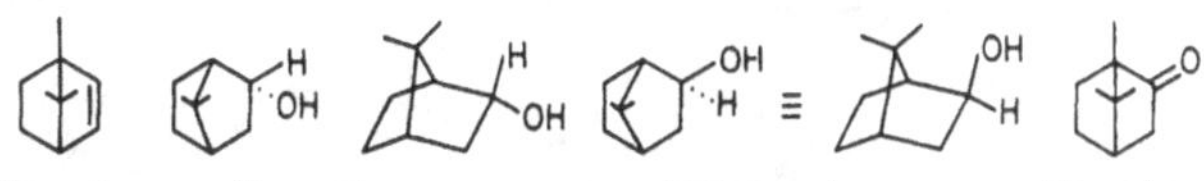

Bornylen Borneol Isoborneol Campher

Borneol und *Isoborneol* sind *endo-exo*-Isomere der gleichen Struktur; stellt man sich den Sechsring als aufgeklapptes Buch vor, aus dessen Rücken die Dimethylmethylenbrücke ragt, so zeigt die OH-Gruppe bei der *endo*-Form (*Borneol*) in das Buch, bei der *exo*-Form (*Isoborneol*) nach außen. Bei der Oxydation mit Chromsäure geben beide *Campher*, mit HNO_3 jedoch nur *Borneol*; *Isoborneol* bildet mit HNO_3 einen Ester (allgemeines Verhalten von *exo*-Formen). Dagegen wird *Isoborneol* wesentlich leichter als *Borneol* dehydratisiert, wobei vorwiegend *Camphen* entsteht.

Campher ist wegen seiner leichten Isolierbarkeit schon lange bekannt; er bildet weiße, charakteristisch riechende Kristalle. Das bedeutendste Vorkommen liegt in den Wäldern Formosas; die hier wachsenden Campherbäume (verschiedene Spezies von *Cinnamomum camphora*) enthalten viel (+)-*Campher*. Er wurde durch die Araber in Europa bekannt, wo zunächst Venedig das Raffinationsmonopol hatte, später auch England, Frankreich, Holland und Deutschland.

Die ersten Untersuchungen über *Campher* stammen aus dem Jahr 1595 (Libavius). Die Struktur wurde von Bredt 1893 erkannt, vor allem durch Abbau zu der leicht ein Anhydrid bildenden *Camphersäure*. Die Totalsynthese G. Komppas [18] brachte die Bestätigung dieser Struktur:

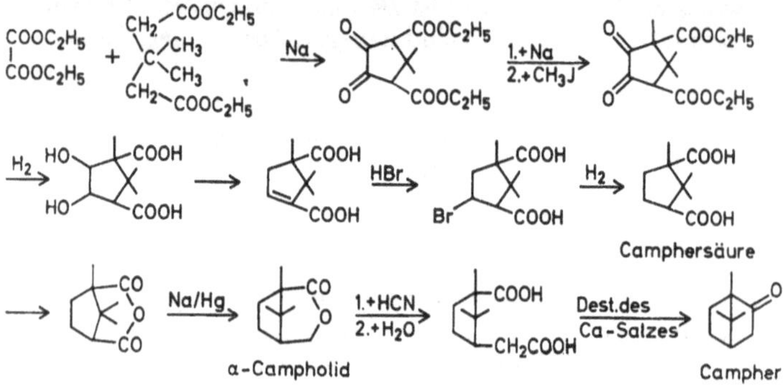

Die Derivate des *Camphers* bezeichnet man entweder mit Zahlen oder Buchstaben:

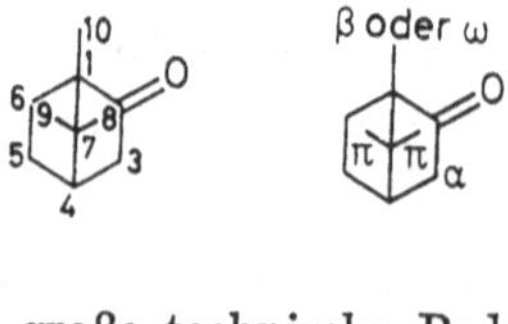

Campher hat große technische Bedeutung als Weichmacher für Filme, Celluloid usw. Die Stellung des *Naturcamphers* ist durch den *synthetischen Campher* stark zurückgedrängt worden. Die technischen Synthesen gehen von den beiden *Pinenen* aus; der am meisten beschrittene Weg verläuft über folgende Stufen: α- oder *β-Pinen* →

Bornylchlorid → *Camphen* → *Isobornylester* → *Isoborneol* → *Campher*. Wegen der im Laufe dieser Umwandlungen eintretenden Razemisierungen ist der gebildete *Campher* optisch inaktiv oder nur wenig drehend. Mit der Camphersynthese ist meist die Terpineolherstellung gekoppelt (s. S. 163).

2.1.4.2.2.3.5. Isocamphangruppe

Zu dieser gehört der wichtige Kohlenwasserstoff *Camphen* (Schmp. 51–52°), der in zahlreichen ätherischen Ölen vorkommt, für technische Zwecke (*Campher*, *Isobornylacetat*, *Camphenriechstoffe*) jedoch aus den *Pinenen* entweder über *Bornylchlorid* oder durch direkte Isomerisierung dargestellt wird. Die Struktur wurde 1890 von G. WAGNER ermittelt. Bei der $KMnO_4$-Oxydation erhielt

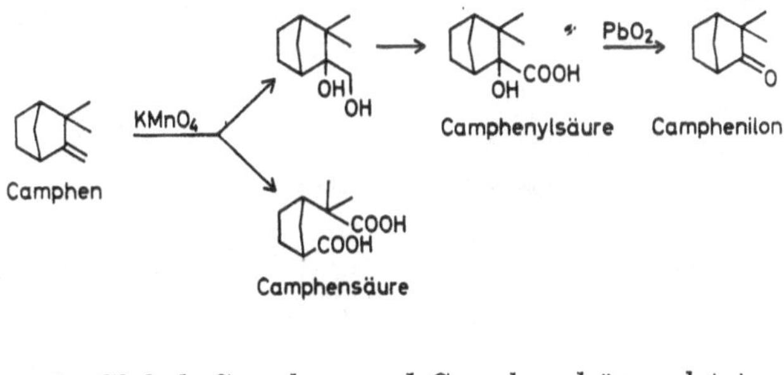

er ein Glykol, Camphen- und Camphenylsäure; letztere gibt mit PbO_2 Camphenilon (das von G. KOMPPA und S. V. HINTIKKA synthetisiert wurde). Er nahm hierbei richtig an, daß die Bildung des *Camphens* durch Dehydratisierung von *Borneol* bzw. Dehydrohalogenierung von *Bornylhalogeniden* von einer Umlagerung begleitet ist (später als WAGNER-MEERWEIN-Umlagerung bezeichnet, s. o.).

2.1.4.2.2.3.6. Fenchan- und Isobornylangruppe

Die *Fenchene* sind bisher selten in ätherischen Ölen nachgewiesen worden; sie entstehen vor allem durch Dehydratisierung der *Fenchole* und durch Einwirkung von HNO_2 auf *Fenchylamine*, wobei verschiedene Umlagerungen stattfinden.

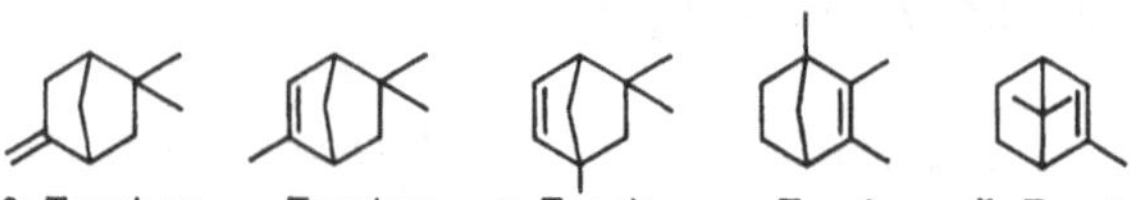

β-Fenchen γ-Fenchen δ-Fenchen ε-Fenchen ζ-Fenchen (1-Methylsanten)

Der Hauptvertreter dieser Gruppe ist *Fenchon*, das u. a. im Fenchel- und Thujaöl vorkommt und durch Reduktion mit Natrium und Alkohol *α-Fenchol* (*α-Fenchylalkohol*) ergibt, das auch im Wurzelöl von *Pinus palustris* vorkommt.

Fenchon α-Fenchol

Isofenchylalkohol entsteht durch Hydratisierung des *α-Fenchens* mit H_2SO_4/CH_3COOH über *Cyclofenchen*.

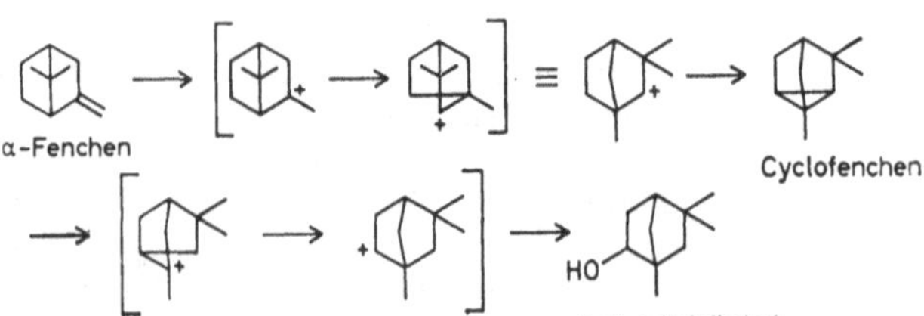

α-Fenchen Cyclofenchen Isofenchylalkohol

2.1.4.2.2.4. *Tricyclische Monoterpene*

Der einzige in ätherischen Ölen vorkommende Vertreter ist *Tricyclen*, das vor allem in mehreren Terpentinölen beobachtet worden ist; es begleitet außerdem fast stets das *Camphen* des Handels. *Tricyclen* bildet eine weiße, kristalline Masse (Schmp. 68°).

Tricyclen

2.1.4.2.3. *Sesquiterpene*

Sie sind die variationsreichste Klasse der Polyprene; von den zahlreichen Verbindungen können hier nur einige angeführt werden.

2.1.4.2.3.1. *Acyclische Sesquiterpene*

Wichtigste Vertreter sind *Nerolidol* und *Farnesol*, die zueinander im gleichen Verhältnis stehen wie *Linalool* und *Geraniol* und auch ineinander umgelagert werden können. (+)-*Nerolidol* ist u. a. in großen Mengen im

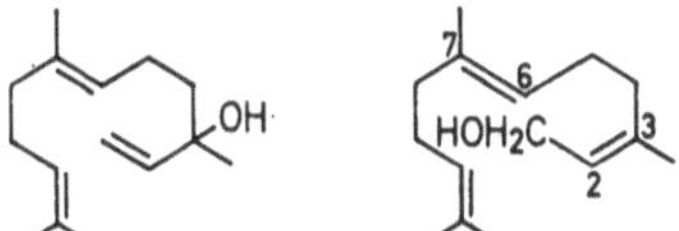

Nerolidol Farnesol

Cabreuvaöl, Perubalsamöl, Öl von *Melaleuca viridiflora* enthalten; (—)-*Nerolidol* kommt seltener vor.

L. Ruzicka bestätigte die von ihm ermittelte Struktur durch Synthese aus Geranylaceton und Acetylen und partielle Reduktion des gebildeten Dehydronerolidols. Das früher aus Geranylbromid und Acetessigester zugängliche *Geranylaceton* kann man heute leichter nach der Carroll-

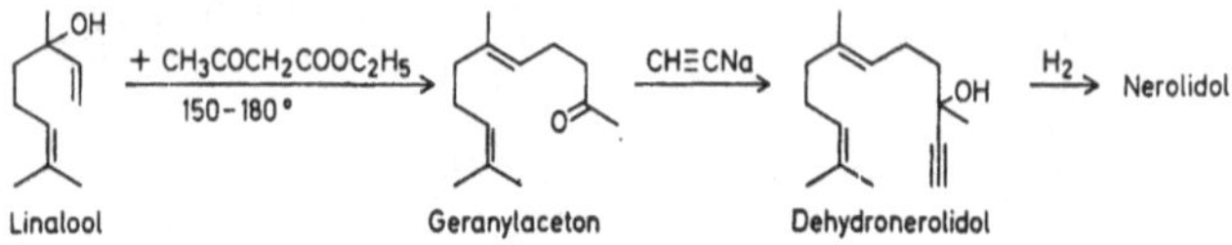

schen Reaktion durch Erhitzen von *Linalool* und Acetessigester auf 150—180° in Gegenwart von Aluminiumisopropylat gewinnen.

Farnesol wurde schon 1913 von M. Kerschbaum aufgeklärt; es ist eine farblose, fast geruchlose Flüssigkeit, die beim Verdunsten einer verdünnten Lösung nach einiger Zeit intensiv und haftend nach Maiglöckchen riecht und in mehreren ätherischen Ölen vokommt, z. B. im Moschuskörneröl und Cassieblütenöl. Synthetisches *Farnesol* ist ein Gemisch der 4 *cis, trans*-Isomeren; das in ätherischen Ölen vorkommende ist die C_6-*trans*-Form. Die *Farnesole* kann man — wenigstens formal — als Muttersubstanzen aller Sesquiterpene ansehen, die sich aus ihnen durch unterschiedliche Cyclisierung ableiten lassen [19]. Wahrscheinlich kommt *Farnesol* auch in der Biogenese der Sesquiterpene eine entsprechende Bedeutung zu.

Von den acyclischen Sesquiterpenen leiten sich auch einige heterocyclische Verbindungen ab, z. B. *Ngaion*

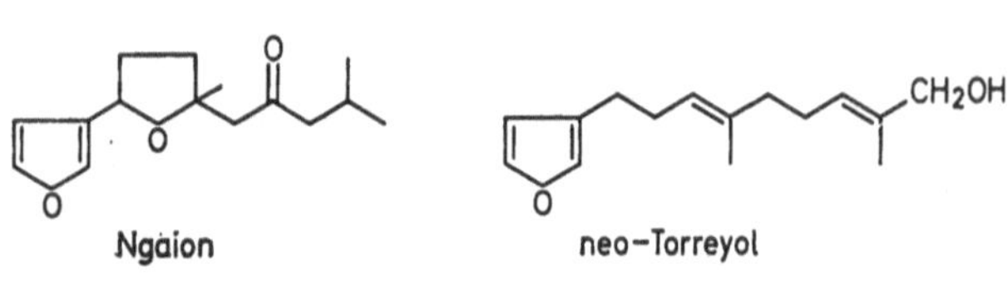

(*Ipomeamaron*) aus den ätherischen Blätterölen einiger *Myoporum*-Arten und *neo-Torreyol* aus dem Harzöl von *Torreya nucifera*.

2.1.4.2.3.2. *Monocyclische Sesquiterpene*

Es existieren 6-, 10- und 11-gliedrige Ringsysteme; die 6-gliedrigen lassen die Ringsysteme des *Cadalins* bzw. des *Eudalins* vorgebildet erkennen.

γ-Bisabolen ist weit verbreitet; es wurde zuerst 1897 im Bisabol-Myrrhenöl entdeckt und bildet sich neben anderen

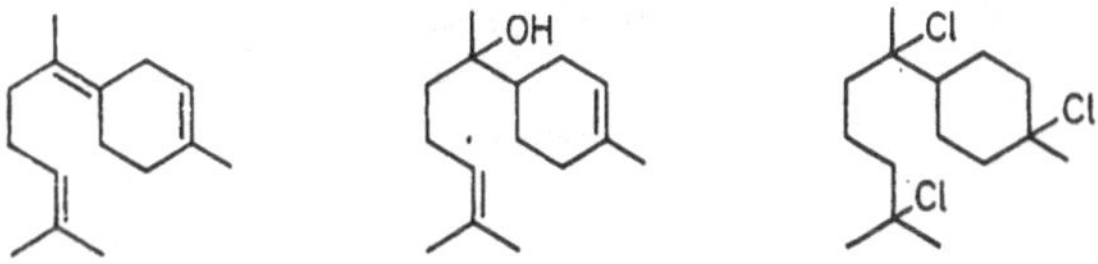

γ-Bisabolen α-Bisabolol Bisabolen-trihydrochlorid

Kohlenwasserstoffen (z. B. *Farnesen* und den *Cadinenen*) bei der Dehydratisierung des *Nerolidols*. Das zugehörige *α-Bisabolol* kommt linksdrehend z. B. im Kamillenöl und im Holzöl von *Vanillosmopsis erythropappa*, rechtsdrehend im Knospenöl der Balsampappel vor. Beide geben mit HCl in absolutem Äther *Bisabolen-trihydrochlorid*.

Zingiberen ist der Hauptbestandteil des Ingweröls (von *Zingiber officinale*); Reduktion mit Natrium und

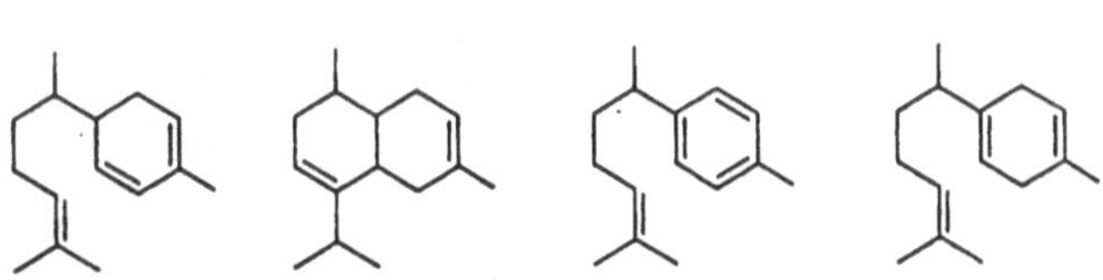

Zingiberen Isozingiberen α-Curcumen (ar-Curcumen) β-Curcumen

Alkohol führt zu *Dihydrozingiberen*, Dehydrierung zu *Cadalin*. Mit HCl entsteht das Hydrochlorid des bicyclischen *Isozingiberens*. α- und *β-Curcumen* kommen im

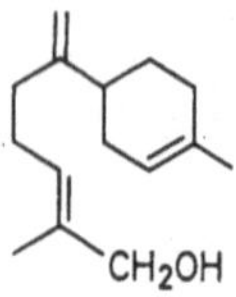

Lanceol

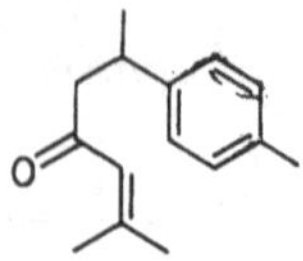

ar-Turmeron

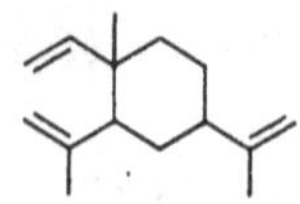
β-Elemen

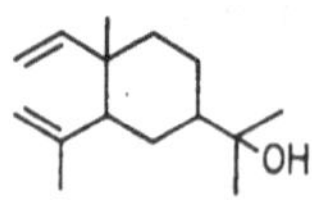

Elemol

Wurzelöl von *Curcuma aromatica* vor. Das primäre *Lanceol* ist im ätherischen Öl von *Santalum lanceolatum*, *ar-Turmeron* im Curcumaöl enthalten. Das Eudalingerüst enthalten die *Elemene* und *Elemol* vorgebildet; *β-Elemen* kommt im Calmusöl vor, *α-Elemen* und *Elemol* (Schmp. 52°) z. B. im Zdravetzöl (von *Geranium macrorrhizum*).

Die Struktur der 10-gliedrigen Monocyclen ist erst vor wenigen Jahren aufgeklärt worden; sie leiten sich vom *Germacran* ab:

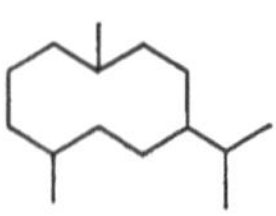
Germacran

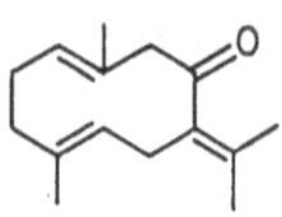

Germacron

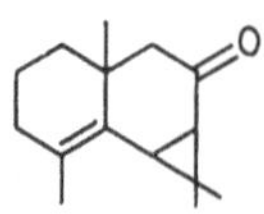

Isogermacron

Das bei 54—55° schmelzende, im Zdravetzöl vorkommende *Germacron* wurde bis 1958 als Oxid angesehen und als *Germacrol* bezeichnet; Natriumäthylat isomerisiert es in der Kälte zu *Isogermacron.*

Das 11-gliedrige *Humulen* (*α-Caryophyllen*) kommt u. a. im Hopfenöl (von *Humulus lupulus*) vor und begleitet fast stets das bicyclische (*β-*)*Caryophyllen* (S. 76), z. B. im Nelkenöl. *Humulenmonoxid* und *-dioxid* sind im Hop-

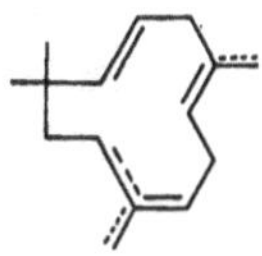

Humulen

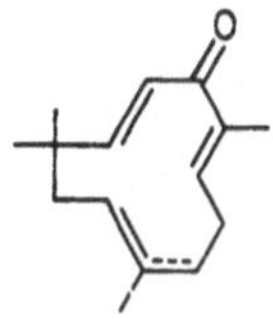

Zerumbon

fenöl und im Öl des wilden Ingwers gefunden worden; Hauptbestandteil des letzteren ist *Zerumbon* (Schmp. 67 bis 69°).

2.1.4.2.3.3. Bicyclische Sesquiterpene

Die zu Aromaten dehydrierbaren Vertreter dieser Klasse kann man in *Cadalin-*, *Eudalin-* und *Azulenbildner* einteilen; daneben gibt es viele bicyclische Sesquiterpene anderer Struktur.

Hauptvertreter der *Cadalinbildner* sind die *Cadinene* und *Cadinole*, deren Isomeren sich durch Lage der Doppelbindungen sowie die Konformation der Ringverknüpfungsstellen und der OH-Gruppe unterscheiden; sie bilden mit HCl *Cadinen-dihydrochlorid.* Die *Cadinene* sind die bekanntesten und am weitesten verbreiteten Sesquiterpene und wurden bereits 1840 isoliert (aus Cubebenöl). Hauptvertreter ist *β-Cadinen*, dessen Struktur W. P. CAMPBELL und M. D. Soffer 1942 auf folgendem eleganten Weg ermittelten:

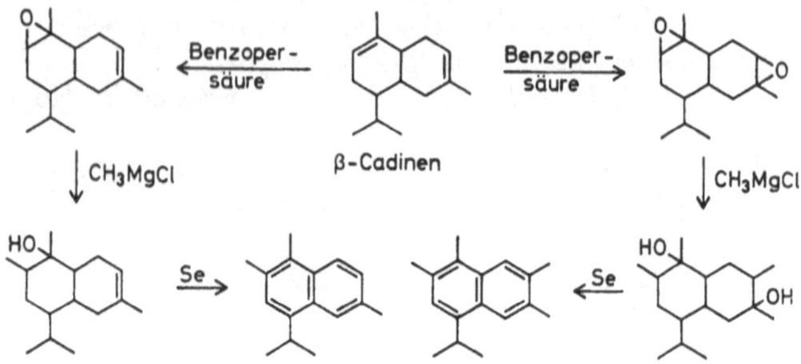

Auf gleiche Art wurden später noch andere Sesquiterpene aufgeklärt.

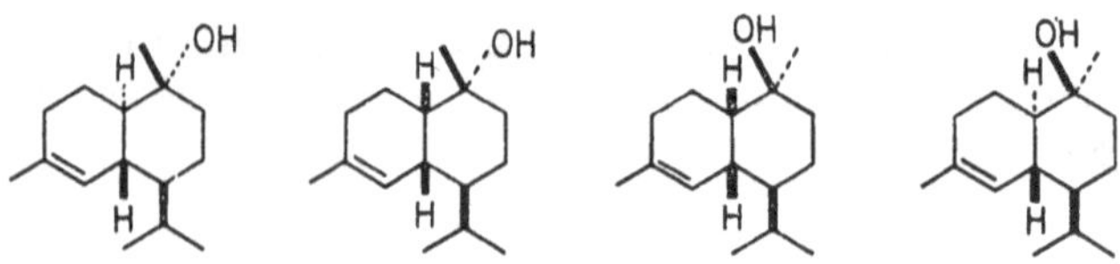

α-Cadinol δ-Cadinol T-Muurolol T-Cadinol

Wie die *Cadinene* sind auch die *Cadinole* selten rein isoliert worden, sondern früher meist als Gemisch verschiedener Isomerer; erst in den letzten Jahren sind durch — oft langwierige — Chromatographie die reinen Isomeren erhalten worden.

Neben den *Cadinenen* und *Cadinolen* sind noch mehrere andere Verbindungen als Cadalinbildner bekannt, z. B.:

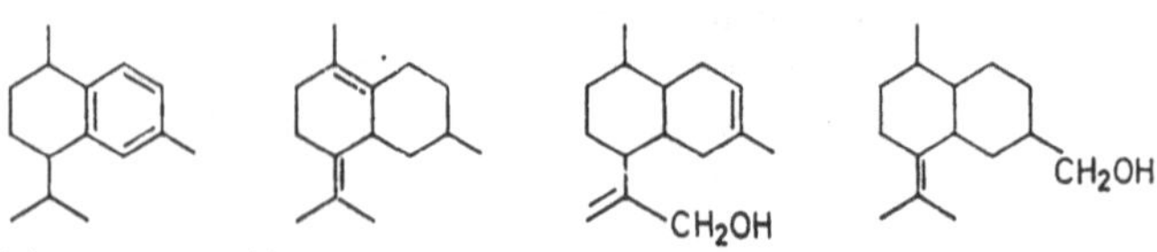

Calamenen Metrosideren Khusol Cymbopol

Eudalinbildner sind ebenfalls weitverbreitet; sie haben entweder das *Eudesman*- oder das *Eremophilangerüst*.

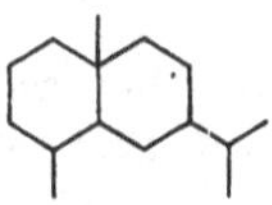
Eudesman

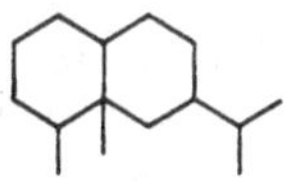
Eremophilan

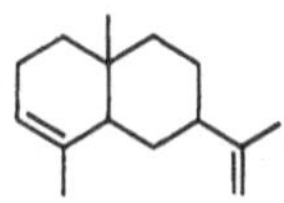
α-Selinen

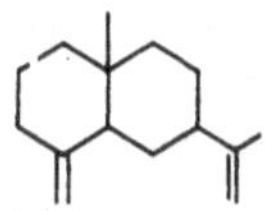
β-Selinen

β-Selinen (im Selleriesamenöl) gibt mit HCl ein Dihydrochlorid, das bei der Dehydrochlorierung u. a. *α-Selinen* bildet; außer diesen sind noch 6 isomere *Selinene* und die *Cyparene* bekannt.

Die wichtigsten Alkohole dieser Reihe sind α-, β- und γ-*Eudesmol*, von denen vor allem die ersteren beiden in

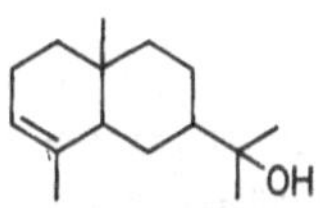

α-Eudesmol

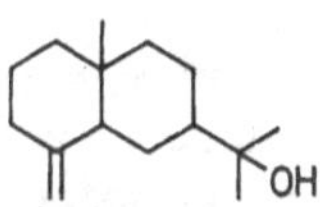

β-Eudesmol

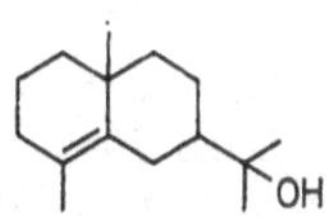

γ-Eudesmol

vielen Eucalyptusölen vorkommen. Andere Alkohole sind z. B. *Junenol* (aus Wacholderbeeröl), *Costol* (Costuswurzelöl), *Occidentalol* (Holzöl von *Thuja occidentalis*). Das

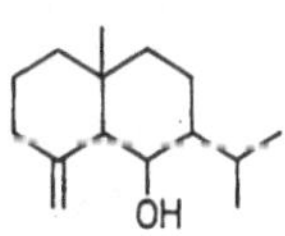

Junenol

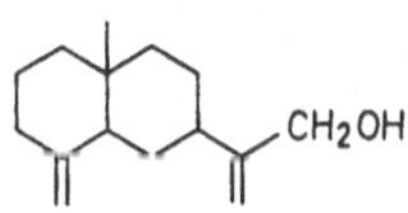

Costol

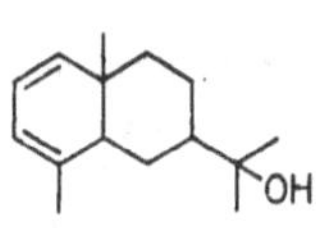

Occidentalol

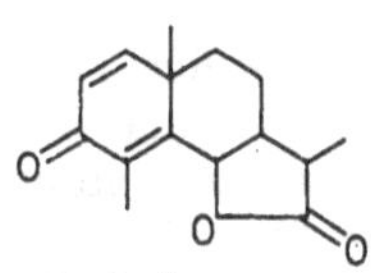

Santonin

Eudesmangerüst besitzen ebenfalls *Santonin* und zahlreiche verwandte Sesquiterpenlactone, die in vielen *Artemisia*-Arten vorkommen (in Extrakten, weniger in ätherischen Ölen).

Die Sesquiterpene vom *Eremophilan*-Typ gehorchen nicht der empirischen Isoprenregel (s. S. 42). Bis vor kurzem waren nur 3 Vertreter bekannt:

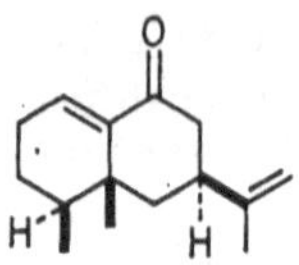

Eremophilon

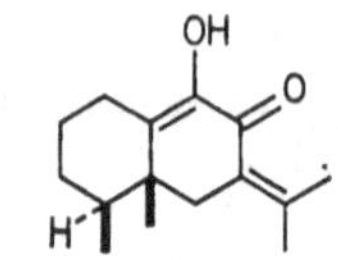

Hydroxy-eremophilon

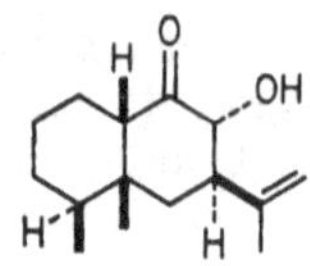

Hydroxydihydro-eremophilon

In den letzten Jahren wurden mehrere neue bi- und tricyclische Derivate gefunden, z. B. *Eremophilen* und *Valerianol* im Baldrianöl, *Valencen* im Orangenschalenöl,

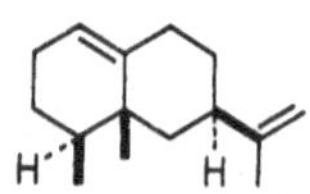

Eremophilen

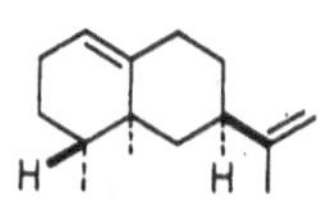

Valencen

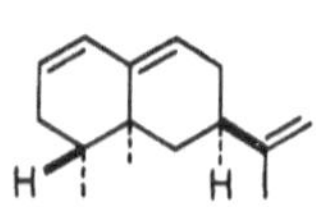

Nootkaten

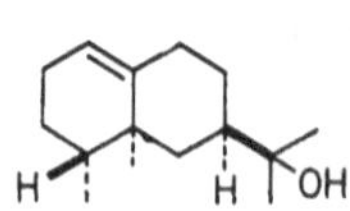

Valerianol

Nootkaten im Kernholz von *Chamaecyparis nootkatensis*, *Nootkaton* ebenda und in Citrusölen (es ist z. B. für das charakteristische Pampelmusaroma verantwortlich), *Nardostachon* im Spikenardöl (von *Nardostachys jatamansi*).

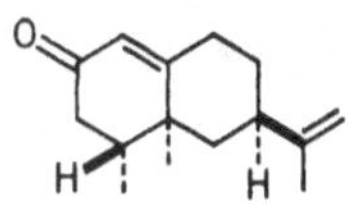
Nootkaton

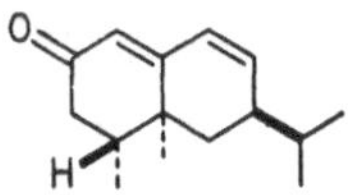
Nardostachon

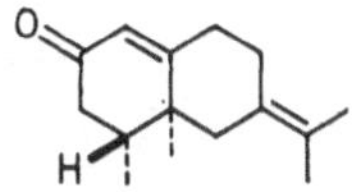
α-Vetivon

Auch *α-Vetivon*, ein geruchsbestimmender Bestandteil des Vetiveröls (S. 118), ist nicht – wie man bisher als sicher annahm – ein Hydroazulenderivat, sondern ein Abkömmling des *Eremophilans* und mit *Isonootkaton* identisch. Die Biogenese der Eremophilanderivate verläuft vermutlich über Zwischenstufen mit Eudesmangerüst unter Wanderung einer Methylgruppe.

Azulenbildner sind ebenfalls weit verbreitet. *Guajol* ist Hauptbestandteil des Guajakholzöls und mehrerer

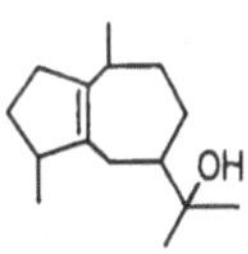
Guajol

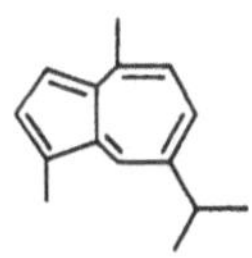
Guajazulen

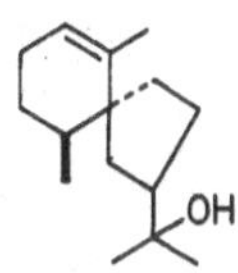
Hinesol

Callitris-Arten; aus frischen Schnittflächen des Holzes von *Callitris intratropica* kristallisiert es z. T. aus (Schmp. 93°). Durch Dehydrierung mit Schwefel entsteht das herrlich blau gefärbte *Guajazulen*. Auch zahlreiche Sesquiterpenlactone liefern *Guajazulen* (bzw. das eine Äthyl- statt einer Isopropylgruppe enthaltende *Chamazulen*), z. B. *Carpesialacton*.

Ein Vetivazulenbildner ist das im Atractylisöl vorkommende *Hinesol*, obwohl in der kürzlich ermittelten neuen Struktur das *Vetivan*-System gestört ist. Es bildet mit *Eudesmol* Mischkristalle, die früher als einheitliches „*Atractylol*“ angesehen wurden.

Hauptbestandteil des Möhrensamenöls ist *Carotol*, bei dessen Dehydrierung mit Pd-Kohle neben wenig Azulen

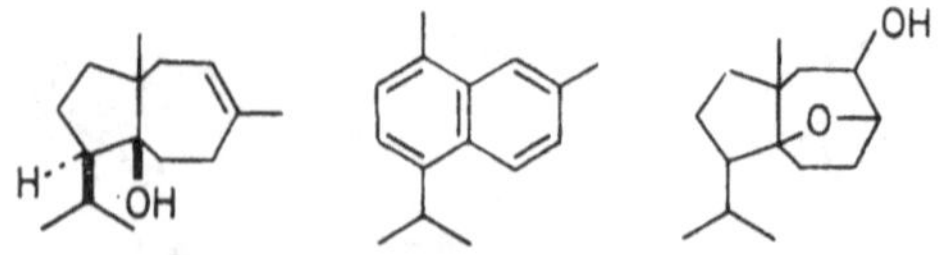

Carotol Isocadalin Daucol

unter Isomerisierung *Isocadalin* entsteht, bei der Oxydation mit Perphthalsäure das ebenfalls im Möhrensamenöl vorkommende *Daucol* (Schmp. 115—116°).

Außer diesen Hydroaromaten gibt es noch zahlreiche andere bicyclische Sesquiterpene mit unterschiedlicher Struktur.

Analoga des *Humulens* sind die Derivate des *Caryophyllans*: das u. a. im Nelken- und Hopfenöl vorkommende

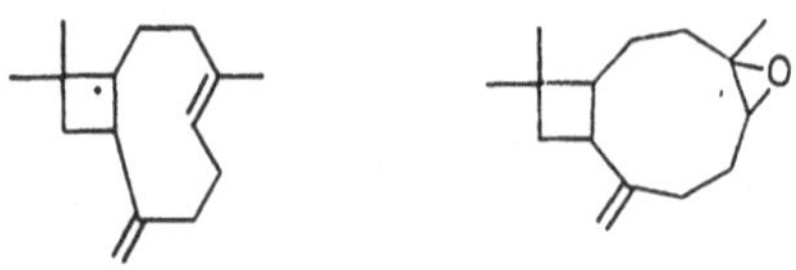

Caryophyllen Caryophyllenoxid

Caryophyllen, das dieses begleitende *Caryophyllenoxid* (Schmp. 64°) und die *Betulenole* aus den Birkenknospenölen von *Betula lenta* und *Betula alba*.

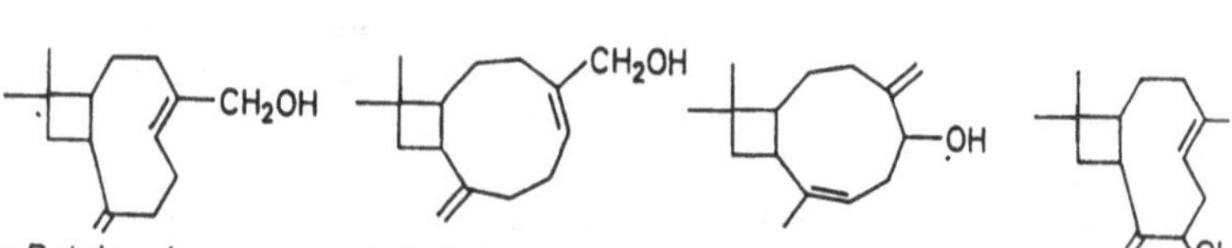

α-Betulenol β-Betulenol α-Betulenol β-Betulenol

aus Betula alba aus Betula lenta

Die Geruchsträger des ostindischen Sandelholzöls sind die *Santalole*, neben denen in geringer Menge verwandte

Kohlenwasserstoffe, Alkohole, Aldehyde und Säuren enthalten sind (s. S. 115).

β-Chamigren ist im Fruchtöl von *Schizandra chinensis* nachgewiesen worden, *Bergamoten* im Bergamottöl. Im Holzöl der Himalaya-Ceder kommen *Himachalol* und die *Himachalene* vor, *Widdrol* und *Cuparen* in Kernholz-

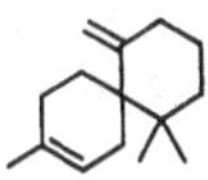

β-Chamigren

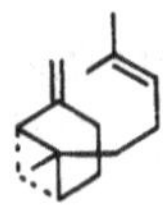

Bergamoten

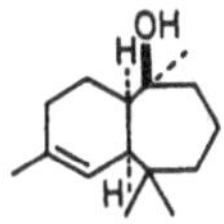

Himachalol

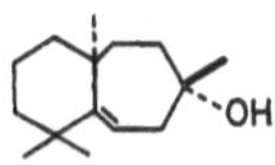

Widdrol

extrakten von *Widdringtonia*-Arten, *Drimenol* im Kernholzextraktöl von *Drimys Winteri*. *Acoron* wurde neben

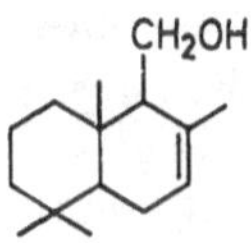

Drimenol

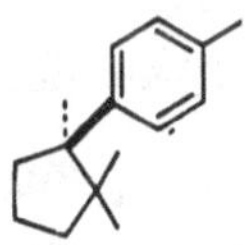

Cuparen

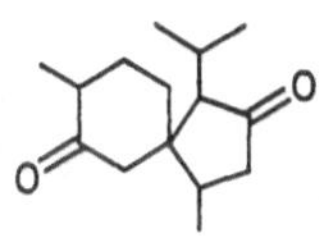

Acoron

den Stereoisomeren *iso-* und *neo-Acoron* im Kalmusöl gefunden und kürzlich von F. ŠORM und Mitarbeitern aufgeklärt.

2.1.4.2.3.4. *Tricyclische Sesquiterpene*

Das *Cadinangerüst* besitzt u. a. der im Cubebenöl vorkommende *Cubebencampher*, zur *Eudesmanreihe* gehört *Maaliol* (aus Maaliöl). *Eremophilanderivate* sind z. B. *β-Gurjunen* (*Calaren*) aus Gurjunbalsamöl und *Aristolon* aus dem Wurzelöl von *Aristolochia debilis*.

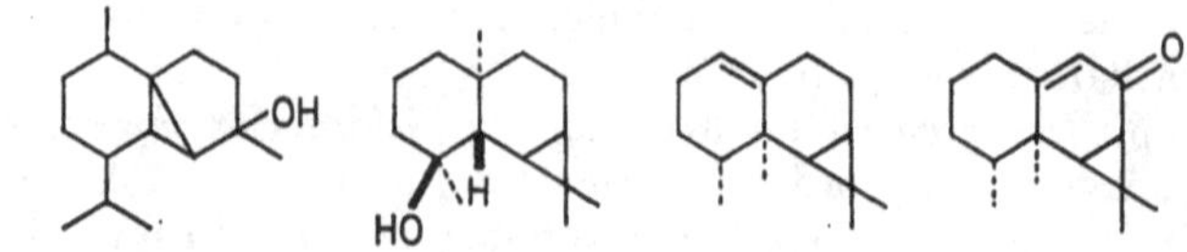

Cubebencampher Maaliol β-Gurjunen (Calaren) Aristolon

70_1

Guajazulen bilden bei der Dehydrierung z. B. *α-Gurjunen* (Hauptbestandteil des Gurjunbalsamöls), das in

α-Gurjunen Aromadendren

Eucalyptusölen verbreitete *Aromadendren* sowie *Patschulialkohol* (Schmp. 56°) aus dem Patschuliöl (s. S. 109).

Außer diesen sind noch zahlreiche anders gebaute Sesquiterpene aus ätherischen Ölen isoliert worden. In Blätterölen von *Chamaecyparis*-Arten kommt *Hinokisäure* (Schmp. 169—171°) vor; *Cedren* ist zu 80% neben *Cedrol* im amerikanischen Cedernholzöl enthalten (s. S. 94).

Hinokisäure Longifolen Longibornylchlorid

Longifolen ist ein Bestandteil des indischen Terpentinöls (von *Pinus longifolia*); seine Struktur wurde durch Abbau, Raman- und IR-Spektren sowie durch Röntgenstrukturanalyse des Hydrochlorids aufgeklärt. Bei der Einwirkung von HCl zeigt *Longifolen* ein ähnliches Verhalten wie *Camphen:* es tritt Wagner-Meerwein-Umlagerung unter Bildung von *Longibornylchlorid* ein.

Mit den Betulenolen und Caryophyllen ist β-Caryophyllenalkohol (Caryolanol-1, Schmp. 96°) verwandt, der aus Pfefferminzölen isoliert worden ist. Von den zahlreichen weiteren Sesquiterpenen nur noch einige Beispiele:

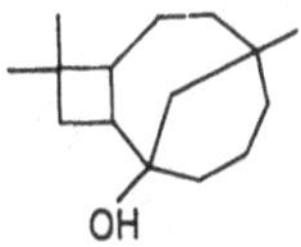

β-Caryophyllenalkohol

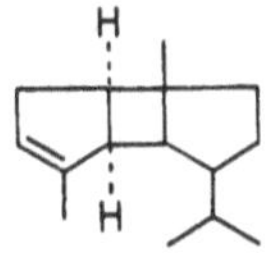

α-Bourbonen

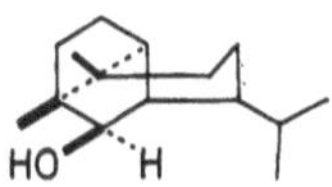

Copaborneol

die im Geraniumöl vorkommenden α- und *β-Bourbonen*, *Copaborneol* aus dem Sulfatterpentinöl von *Pinus silvestris*, *Khusensäure* aus Vetiveröl (s. S. 118).

2.1.4.2.4. *Diterpene*

Wegen ihrer geringen Flüchtigkeit kommen Diterpene seltener in ätherischen Ölen vor (allenfalls einige Kohlenwasserstoffe), häufiger dagegen in Extrakten.

Zu den Diterpenen gehören die in den Naturharzen (s. S. 121) in großen Mengen vorkommenden *Harzsäuren* wie *Abietinsäure*, *Dextro-* und *Lävopimarsäure*; Kolophonium besteht z. B. bis zu 90% aus *Abietin-* und *Neoabietinsäure*.

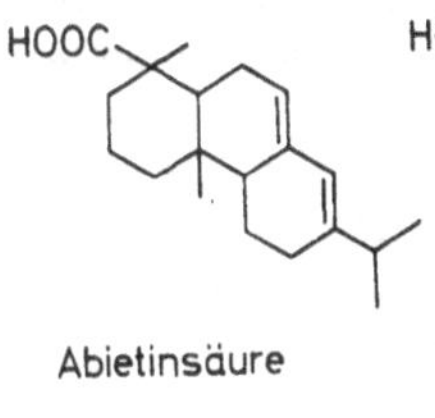

Abietinsäure

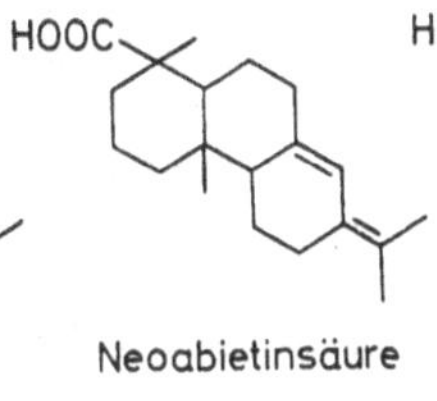

Neoabietinsäure

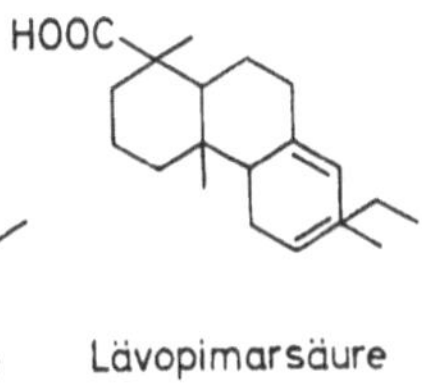

Lävopimarsäure

In der Riechstoffindustrie sind *Sclareol* (aus konkretem Muskateller Salbeiöl; Schmp. 105,5–106°) und *Manool* (aus dem Holzextraktöl von *Dacrydium biforme*; Schmp.

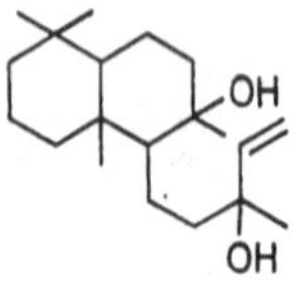

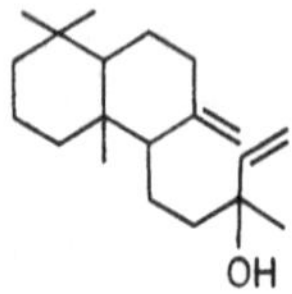

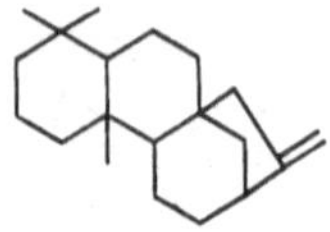

Sclareol Manool Phyllocladen

53°) für die Synthese von Ambrariechstoffen von Bedeutung (s. S. 123–125).

In ätherischen Ölen der Podocarpaceen ist *Phyllocladen* (Schmp. 96°) relativ weit verbreitet.

2.1.4.2.5. Triterpene

Derivate der Triterpene $C_{30}H_{64}$ sind in beträchtlichen Mengen in Extrakten, Harzen und Balsamen enthalten und bilden – an Zucker gebunden – die große Gruppe der Sapogenine.

Sämtliche bisher aufgeklärten Triterpene weisen ein unregelmäßiges Bauprinzip auf; die regelmäßige Aneinanderlagerung der Isoprenbausteine (Kopf-Schwanz-Folge) hört bei den Diterpenen auf. Das C-Gerüst der Triterpene ist (wie das der Carotinoide) aus 2 spiegelbildsymmetrisch aufgebauten Hälften zusammengesetzt, die regelmäßige Kopf-Schwanz-Anordnung zeigen; häufig ist dieses Prinzip jedoch durch Umlagerungen gestört.

Neben dem acyclischen *Squalen*, dem tricyclischen *Ambrein* und der tetracyclischen *Lanosterol*-Gruppe sind

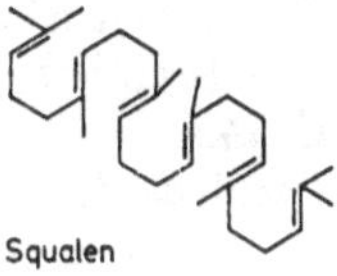

Squalen

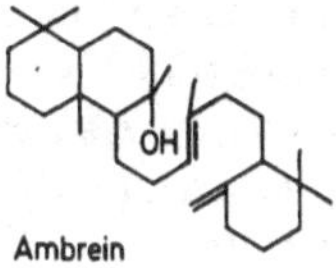

Ambrein

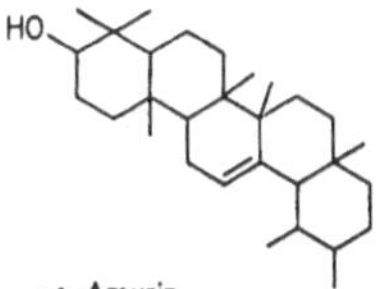

α-Amyrin

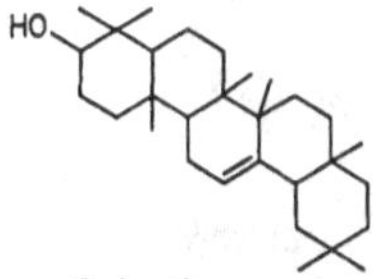

β-Amyrin

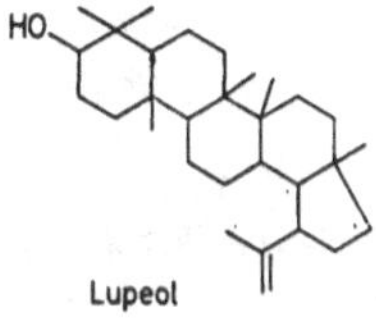

Lupeol

besonders pentacyclische Triterpene verbreitet, die der *α-Amyrin-*, *β-Amyrin-* und *Lupeolgruppe* angehören.

2.1.4.3. Aromatische Verbindungen

Nach den Polyprenen zeigen die *Phenole* und ihre Derivate die größte Vielfalt und Verbreitung. Es kommen etwa 150 Verbindungen phenolischen Charakters vor; einige Beispiele sollen den Bau dieser Inhaltsstoffe demonstrieren:

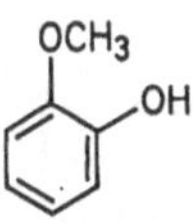

Guajacol

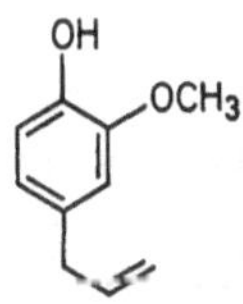

Eugenol

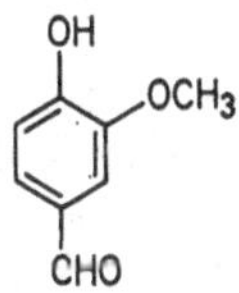

Vanillin

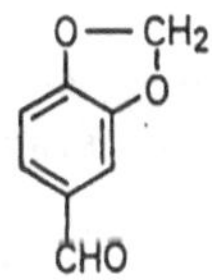

Heliotropin

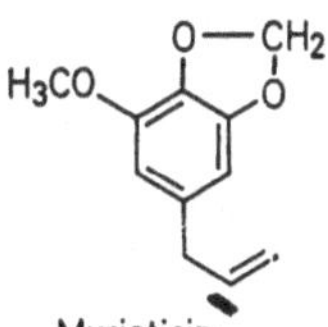

Myristicin

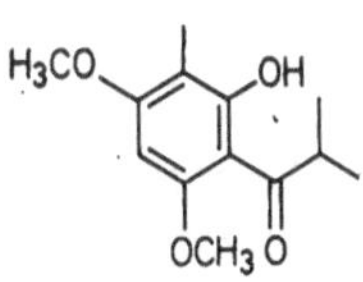

Baeckeol

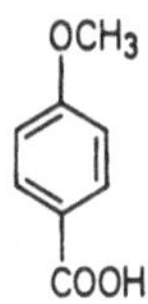

Anissäure

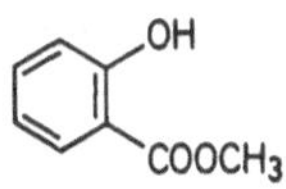

Methylsalicylat

Einige von diesen haben auch technische Bedeutung und werden in großen Mengen synthetisch hergestellt, vor allem *Vanillin* und *Heliotropin* (S. 143).

Auch einige andere *Aromaten* sind häufige und wichtige Inhaltsstoffe, z. B.:

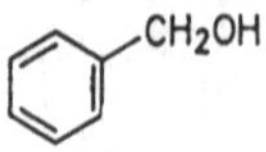

Benzylalkohol

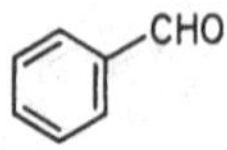

Benzaldehyd

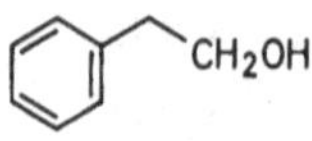

Phenyläthylalkohol

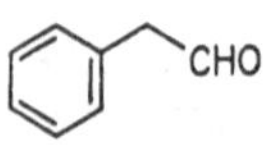

Phenylacetaldehyd

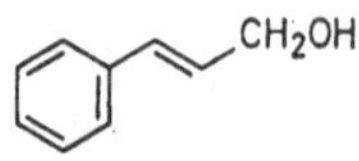

Zimtalkohol

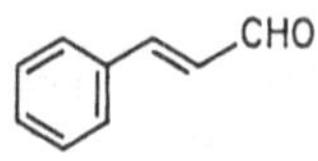

Zimtaldehyd

Interessanterweise wird der zimtartige Geruch des Wurzel- und Rindenöls von *Aniba canellila* aus Brasilien von *1-Nitro-2-phenyläthan* geprägt, der einzigen bisher in Pflanzen gefundenen Nitroverbindung.

2.1.4.4. Aliphatische Verbindungen

Von den gesättigten und ungesättigten aliphatischen Verbindungen (außer Polyprenen) kommen vor allem zahlreiche *Alkohole*, *Ester* und *Aldehyde* in ätherischen Ölen vor, und zwar geradkettige und verzweigte. Die gesättigten Aldehyde von *Pentanal* bis *Dodecanal* sind für den erfrischenden Geruch der Agrumenöle wichtig und werden auch synthetisch hergestellt (s. S. 134).

Sehr intensiven und frischen Grüngeruch besitzen *cis-3-Hexenal* und *cis-3-Hexenol* (s. S. 138), die in vielen Blätterölen vorkommen; den *trans*-Verbindungen fehlt die Frische und Natürlichkeit. *Nonadien-*2_{trans}*,* 6_{cis}*-al-1* ist wesentlicher Bestandteil des Veilchenblätter- und -blütenöls und des Gurkenaromas.

Auch *Alkane* von C_6 bis C_{35} sind nachgewiesen worden, vor allem in den Stearoptenen (den in verdünntem Alkohol unlöslichen Bestandteilen) von Rosen- und Lavendelöl (besonders der konkreten Öle). Derivate des *Cyclopentans* liegen in den Jasminextrakten vor (s. S. 145).

2.1.4.5. *Heterocyclische Verbindungen*

Die meisten der in ätherischen und extrahierten Ölen gefundenen heterocyclischen Verbindungen gehören zu den Mono- und Sesquiterpenen und wurden dort bereits erwähnt. Außer diesen wurden noch zahlreiche Heterocyclen anderer Grundstruktur isoliert, vor allem Lactone, Furane und Oxide.

Der Geruch des ätherischen Selleriewurzelöls wird z. B. durch Alkyl- und Alkylidenphthalide und deren Dihydro- und Tetrahydroderivate hervorgerufen, wie *Sedanolid* und *n-Butylphthalid*. Wichtige Inhaltsstoffe sind *Cumarin* und seine Derivate; letztere sind besonders vielfältig in den gepreßten Schalenölen der Agrumen und in Umbelliferenölen vertreten.

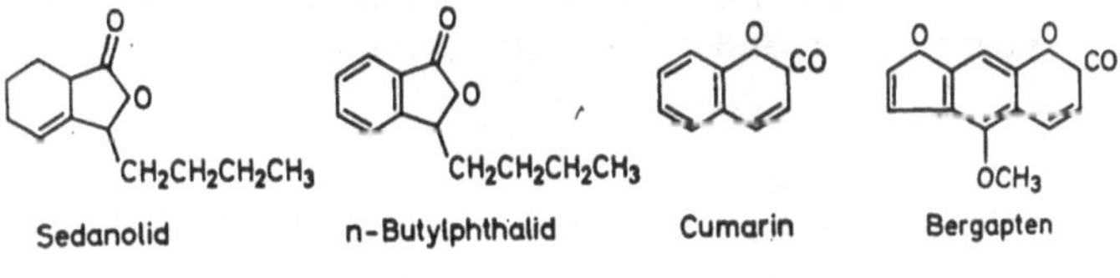

Sedanolid n-Butylphthalid Cumarin Bergapten

Cumarin selbst ist ein wichtiger Riech- und Geschmacksstoff und wird synthetisch hergestellt (s. S. 139). *Bergapten* wird für den Lichtsensibilisierungseffekt verantwortlich gemacht, der gelegentlich bei längerem Kontakt von Bergamottöl mit der Haut auftritt.

2.1.4.6. N- und S-haltige Verbindungen

Von diesen sind u. a. *Anthranilsäuremethylester*, sein *N-Methylderivat*, *Indol*, verschiedene *Sulfide* und *Senföle* (Isothiocyanate) zu nennen, z. B.:

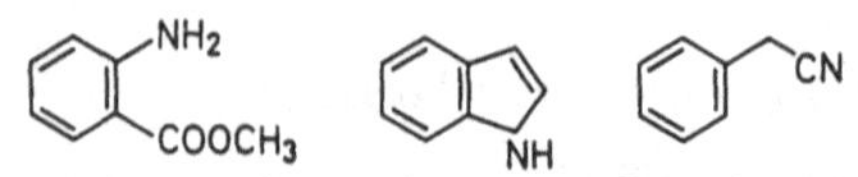

$(CH_2{=}CH)_2S$

Methylanthranilat Indol Benzylcyanid Divinylsulfid

$CH_2{=}CHCH_2{-}S(\rightarrow O){-}S{-}CH_2CH{=}CH_2$

Allicin

$CH_2{=}CHCH_2{-}SSSS{-}CH_2CH{=}CH_2$

Diallyltetrasulfid

$CH_2{=}CHCH_2{-}N{=}C{=}S$

Allylsenföl

$CH_3{-}S{-}CH_2CH_2CH_2CH_2{-}N{=}C{=}S$

4-Methylthiobutylsenföl

Diese Verbindungen werden z. T. erst bei der Aufbereitung der Pflanzen aus Vorstufen durch enzymatische Prozesse gebildet. So liegen die *Senföle* in den Pflanzen als *Thioglucoside* der Struktur I vor; bei der enzymatischen Hydrolyse wird zunächst D-Glucose unter Bildung des Ions II abgespalten, das nach intramolekularer LOSSEN-Umlagerung in Sulfat und *Senföl* zerfällt:

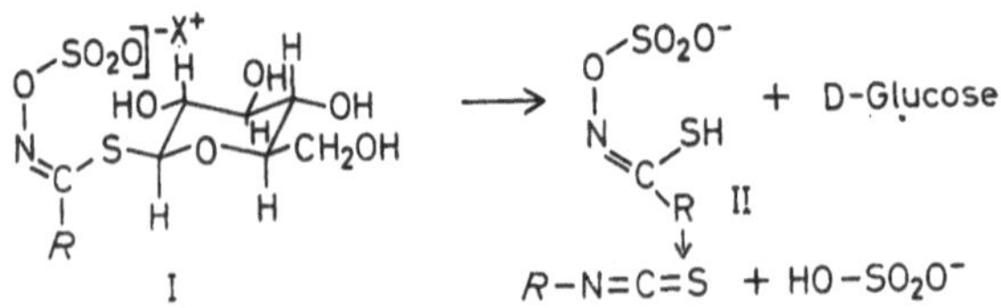

Methylanthranilat und *N-Methylmethylanthranilat* sind wichtige Riechstoffe (s. S. 135).

2.1.5. *Analyse, Standardisierung, Verfälschung*

Die Qualität von Riechstoffen (und auch ihrer Folgeprodukte, der Parfümöle) wird heute noch durchweg mittels des Geruchs beurteilt. Zusätzlich werden bei einheitlichen Riechstoffen einige Kennzahlen herangezogen, wie Schmelzpunkt und Siedeintervall, Brechungsindex und optische Drehung, mit deren Hilfe sie sich standardisieren lassen.

Bei ätherischen Ölen und Extrakten bestimmt man zur Kontrolle zusätzlich den Gehalt an charakteristischen Bestandteilen, z. B. mittels der Oximzahl, der Esterzahl, der Gaschromatographie. Ihre *Standardisierung* ist — wie die der Parfümöle — schwierig, da sie sehr komplexe Gemische sind, deren Zusammensetzung sehr von Wachstums- und Erntebedingungen, Herkunft, Gewinnung und Lagerung der Öle abhängt. Die sich durch die Variation der Einzelbestandteile ändernden physikalischen Daten lassen keinen unmittelbaren Rückschluß auf die Größe der Veränderung der Ölzusammensetzung zu und ersetzen auch keine individuelle Geruchsbeurteilung. Aus dem unter 1.1. und 1.2. Gesagten folgt, daß sich der Geruch noch nicht standardisieren läßt.

Dennoch müssen natürlich wichtige Handelsöle, vor allem wenn sie von mehreren Händlern angeboten werden, bestimmte Richtzahlen einhalten; es sind auch von einzelnen Ländern und der International Standards Organization (ISO) Standards für einige Öle und — was mindestens gleich wichtig ist — für die einschlägigen Analysenverfahren festgelegt bzw. empfohlen worden. Man sollte jedoch geringe Abweichungen in den Konstanten tolerieren; dies ist jedenfalls besser als ein fragwürdiges, durch den Standard erzwungenes „Polieren“ der Konstanten durch Zusatz geeigneter Verbindungen (was ebenfalls für Parfümkompositionen gilt).

Auch zur Erkennung von *Verfälschungen* — die natürlich besonders bei wertvollen Ölen hin und wieder immer wieder vorkommen — sagen die Konstanten heute wenig aus, abgesehen von plumpen Fälschungen wie z. B. mit Mineralöl. Während man früher zur Streckung von Ölen oder zur Aufbesserung minderwertiger Öle auf den Zusatz meist artfremder Stoffe angewiesen war, die meist leicht zu erkennen waren — wie z. B. der Zusatz von Phthalsäureestern zur Erhöhung der Esterzahl — ist dies heute bei dem Angebot an billigeren synthetischen Stoffen, die mit Inhaltsstoffen identisch sind, schwierig (z. B. Zusatz von synthetischem Linalylacetat in Lavendelöl). Ein exakter Nachweis ist hier nur durch die Gaschromatographie mit sehr empfindlichen Detektoren oder durch spektroskopische Methoden möglich, z. B. durch Erkennen von den Syntheseprodukten eigentümlichen Verunreinigungen. Häufig genügt ein gaschromatographischer Vergleich der Analysenprobe mit einem Standardmuster, um ungewöhnliche Bestandteile oder Prozentgehalte zu erkennen. Exakte Standards sollten daher die gaschromatographisch ermittelten Zusammensetzungen — in vertretbaren Grenzen — zugrunde legen.

In den letzten Jahren werden von verschiedenen Firmen „*künstliche*“ *ätherische* Öle angeboten, die vorwiegend aus synthetisierten Naturprodukten nach den Vorbildern gemischt wurden und für viele Verwendungszwecke preisgünstige Austauschprodukte für die natürlichen Öle sind, z. B. für Bergamottöl, Geraniumöl, Ylang-Ylangöl und Lavendelöl. Hier liegen natürlich keine Verfälschungen vor.

2.1.6. Spezielle ätherische Öle, Blütenöle und Resinoide

Im folgenden werden einige wichtige *ätherische Öle, Blütenöle* und *Resinoide* kurz beschrieben; Näheres s. bei [20].

2.1.6.1. Agrumenöle (Citrusöle)

Zu den wichtigsten ätherischen Ölen gehören die Agrumen- oder Citrusöle, die aus folgenden zur Familie der Rautengewächse (*Rutaceae*) gehörenden Arten gewonnen werden: Süße und bittere Orange (Pomeranze, Apfelsine), Citrone, Bergamotte, Mandarine, Tangerine, Pampelmuse, Limette. Man unterscheidet durch Pressen oder Wasserdampfdestillation gewonnene Fruchtschalenöle und durch Wasserdampfdestillation oder Extraktion gewonnene Blütenöle (Neroliöle) und Blätteröle (Petitgrainöle).

2.1.6.1.1. Bergamottöl

Dieses wichtige Öl wird in ca. 0,5%iger Ausbeute durch Pressen der Schalen vor der Reife geernteter Früchte von *Citrus aurantium* L. subspec. *bergamia* (= *C. bergamia* Risso) gewonnen. Die empfindlichen Bergamottbäume werden lediglich zur Ölgewinnung, und zwar fast ausschließlich in Calabria (Italien), angebaut; ein Teil des für Genußzwecke ungeeigneten Saftes dient zur Isolierung der Citronensäure. Die Jahresproduktion an Öl beträgt bis etwa 250 t.

Bergamottöl ist eine braungelbe oder honigfarbene, häufig durch Chlorophyll grün gefärbte Flüssigkeit (d_{15}^{15} 0,881 bis 0,886, n_D^{20} 1,464 bis 1,468, α_D +8 bis +22°) mit bitterem Geschmack und sehr angenehmem, erfrischendem, süß-fruchtigem Geruch.

Es enthält als Hauptgeruchsträger 34–40% *Linalylacetat*, daneben *Linalool*, *Nerol*, *Terpineol*, *Citral*, Terpene und Sesquiterpene (*β-Bisabolen*, *Caryophyllen*, *Bergamoten*), Cumarine (bis 5% *Bergapten*, *Bergaptol*, *Limettin*, *Bergamottin*) und Spuren von *Anthranilsäuremethylester*.

Bergamottöl wird wegen seines frischen Geruchs vielseitig in der Parfümerie, vor allem in Kölnischwässern,

Chypre-, Fougère- und modernen Typen, verwendet, ebenfalls in der Aromenindustrie. Wegen seines relativ hohen Preises wird es häufig verfälscht, vor allem mit *Linalylacetat*; dies wurde jedoch durch die Bildung des „Consorzio di Bergamotto“ stark eingeschränkt. Durch Vakuumdestillation (gelegentlich auch durch selektive Extraktion oder Chromatographie) wird terpenarmes Bergamottöl gewonnen, das für hochwertige Parfüms und Aromen Anwendung findet.

2.1.6.1.2. Citronenöl

Es wird durch Pressen (maschinell oder durch Hand, S. 36) der Schalen reifer Früchte von *Citrus medica* subsp. *limonum* hauptsächlich in den USA (Californien), Cypern, Italien (Kalabrien und Sizilien) und Guinea gewonnen (Gesamtproduktion etwa 1400 jato). Das Fruchtfleisch wird entweder vor oder nach der Ölgewinnung auf Saft verarbeitet. Zur Ölgewinnung dienen in Italien vorwiegend die Winterfrüchte (*limoni*); die 3 Sommerernten werden als Früchte verbraucht (April/Mai helle *bianchetti*, Juni/Juli grünliche *ferdelli*, August/September *bastardoni*). Wasserdampfdestilliertes Citronenöl spielt keine Rolle, da es bedeutend schlechter riecht und schmeckt, selbst wenn es im Vakuum gewonnen wird.

Citronenöl ist eine gelbliche, charakteristisch nach Zitronen riechende Flüssigkeit (d_{15}^{15} 0,856 bis 0,861, n_D^{20} 1,471 bis 1,476, α_D^{20} +57 bis +61°). Es enthält als Hauptbestandteil (+)-*Limonen*, daneben u. a. *α*- und *β-Pinen*, *Camphen*, *β-Phellandren*, *γ-Terpinen*, *α-Terpineol* *Linalool*, *Linalyl*- und *Geranylacetat*, *Citral* (3,5–5%), *Citronellal*, *Methylheptenon*, *Octanal*, *Nonanal*, *Decanal*, *Dodecanal*, *Bisabolen*, Cumarine (*Limettin*, *Isopimpinellin* u. a.). Zur Verhinderung der Oxydation der empfindlichen Monoterpenkohlenwasserstoffe werden im allgemeinen Antioxydantien zugesetzt (ca. 0,005%).

Citronenöl wird wegen seines erfrischenden Geruchs in großen Mengen in der Parfümerie und Aromenindustrie verwendet, vor allem für Kölnischwässer und andere Toilettewässer, Sprays usw. In Aromen sind die konzentrierten bzw. terpen- und sesquiterpenarmen Citronenöle beliebt. Der geruchüberdeckende Effekt wird z. B. auch beim Servieren von Fischgerichten mit Zitronenscheiben benutzt; die geringen, beim Zerquetschen der Zitrone sich ausbreitenden Ölmengen genügen zur Maskierung des Amingeruchs.

Citronenöl wird häufig mit natürlichem oder synthetischem (+)-*Limonen* und *Citral* verfälscht.

2.1.6.1.3. Orangenöl, süßes (Portugalöl)

Dieses mengenmäßig bedeutendste Citrusöl wird durch Hand- oder maschinelles Pressen aus den Fruchtschalen von *Citrus aurantium* L. var. *dulcis* (= *C. sinensis* Osbeck, Apfelsine, Pomeranze) in 0,4—0,5%iger Ausbeute gewonnen, ein Teil des Öls auch durch Wasserdampfdestillation. Hauptanbaugebiete der wahrscheinlich aus dem Gebiet südöstlich des Himalaya-Gebirges stammenden Bäume (Apfelsine = chinesischer Apfel) sind die USA (California, Florida, Texas), Cypern, Guinea, Israel, Brasilien, Sizilien und Süditalien, Spanien, Südafrika, Rhodesien, die Westindischen Inseln und Algerien. Hauptproduzenten von maschinell gepreßtem Öl sind die USA und Cypern, von handgepreßtem Guinea. Gesamtproduktion (gepreßt und destilliert) ca. 1600 jato.

Gepreßtes süßes Orangenschalenöl ist eine gelbe bis gelbbraune Flüssigkeit (d_{15}^{15} 0,848 bis 0,853, n_D^{20} 1,473 bis 1,475, α_D +95°30′ bis +99°) mit charakteristischem Apfelsinengeruch und mildem, aromatischem, nicht bitterem Geschmack. Die destillierten Öle sind hellgelb bis farblos, riechen frisch, aber ärmer und kürzer als die gepreßten Öle und oxydieren an der Luft schneller, weshalb sie durch Antioxydantien geschützt werden müssen.

Süßes Orangenöl enthält ca. 90% (+)-*Limonen* und andere Terpene, daneben *Octanol*, *Nonanol*, (+)-*Linalool*, (+)-*α-Terpineol*, *Decylaldehyd* (2,5—3%), *Citral* und andere Aldehyde, *Ameisen-*, *Essig-*, *Capryl-* und *Caprinsäure*,

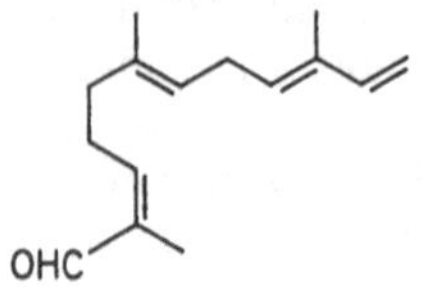

α-Sinensal

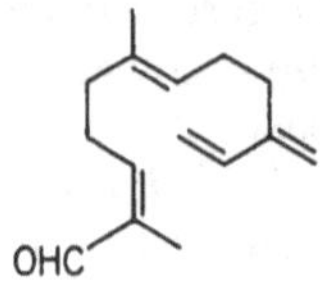

β-Sinensal

Methylanthranilat, *Aurapten* u. a. Kürzlich wurden *α-* und *β-Sinensal* gefunden, die stark nach Orangen riechen.

Gepreßtes süßes Orangenöl wird vorwiegend in Orangenaromen (für Erfrischungsgetränke) und andere Fruchtaromen, ferner auch in der Parfümerie für Kölnischwässer, Fougère- und Chypre-Typen u. a. verwendet. Das destillierte Öl dient vorwiegend in der Parfümerie als Geruchsüberdecker und zur Parfümierung billiger Haushaltprodukte.

Es wird häufig mit Terpenen verfälscht. Aus dem gepreßten Öl werden terpen- und sesquiterpenarme Öle hergestellt, die ein besonders hochwertiges Aroma aufweisen.

2.1.6.1.4. Orangenöl, bitteres

Dieses auch als bitteres Pomeranzenöl bezeichnete Öl wird durch Pressen der Schalen fast reifer Früchte von *Citrus aurantium* L. subspec. *amara* (= *Citrus bigaradia* Risso) in ca. 1—2,5%iger Ausbeute gewonnen. Hauptproduktionsländer sind Spanien, Guinea, die Westindischen Inseln, Italien (Sizilien) und Brasilien (insgesamt ca. 30 jato). Die Qualität der Öle hängt sehr von der Varietät und dem Standort der Bäume ab. Aus den ausgepreßten Schalen wird das Restöl häufig durch Wasserdampfdestillation gewonnen.

Das kaltgepreßte Öl ist eine dunkelgelbe bis hellbraune Flüssigkeit (d_{15}^{15} 0,852 bis 0,857, n_D^{20} 1,473 bis 1,475, α_D^{20} +88 bis +96°) mit frischem, leicht blumig-indolischem, portugalölähnlichem, aber haftenderem Geruch und bitterem Geschmack.

Bitteres Pomeranzenöl enthält 92% Terpenkohlenwasserstoffe (vor allem (+)-*Limonen*), ca. 1% Aldehyde (C_9, C_{10}, C_{12}, *Citral*), 0,4% *Linalool* und *α-Terpineol*, 2,1% Ester (1% *Linalylacetat*; *Decylpelargonat*, *Neryl-*, *Geranyl-* und *Citronellylacetat*), 0,8% Phenole (*Hesperitin*), *Anthranilsäuremethylester*. Auch in ihm wurden die beiden *Sinensale* (s. o.) gefunden.

Bitteres Orangenöl wird vielseitig in der Aromenindustrie verwendet, z. B. in triple sec-Liköraromen und Fruchtsaftgetränken, auch in der Parfümerie (analog süßem Orangenöl). Auch von diesem werden terpen- und sequiterpenarme, konzentrierte Öle hergestellt. Es wird häufig mit destillierten Citrusterpenen verfälscht.

2.1.6.1.5. Neroliöl

Das in der Parfümerie sehr geschätzte Neroliöl (auch Neroli Bigarade Öl, Orangenblütenöl) wird durch Wasserdestillation aus den Blüten der bitteren Orange (*Citrus aurantium* L. subspec. *amara* = *C. bigaradia* Risso) in 0,07–0,15%iger Ausbeute gewonnen; aus 1 kg Blüten erhält man etwa 1 g Öl und 1 kg Orangenblütenwasser. Durch Extraktion erhält man aus den Blüten etwa 0,2 bis 0,4% konkretes Neroliöl, das etwa 22–36% wasserdampfflüchtige Bestandteile enthält. Die besten Öle werden in Südfrankreich, Tunesien und Marokko, viel auch in

Italien, Guinea, Haiti, Algerien, Libanon und auf den Comoren gewonnen (insgesamt 2—3 jato).

Das destillierte Neroliöl ist eine gelbliche, beim Stehen im Licht braunrot werdende, besonders in alkoholischer Lösung anfangs blau fluoreszierende Flüssigkeit (d_{15}^{15} 0,870 bis 0,881, n_D^{20} 1,468 bis 1,474, α_D +1°30′ bis +12°) mit intensivem, sehr angenehmem, erfrischend-blumigem Geruch und bitterem, aromatischem Geschmack. Wegen seiner Empfindlichkeit muß es besonders sorgfältig aufbewahrt werden. Es enthält 35% Terpenkohlenwasserstoffe und Paraffine (*Ocimen*, *Dipenten*, *α-Pinen*, *Camphen*), 30% (—)-*Linalool*, 2% (+)-*α-Terpineol*, 4% *Geraniol* + *Nerol*, 7% (—)-*Linalylacetat*, 4% *Geranyl-* + *Nerylacetat*, 6% (+)-*Nerolidol*, *Farnesol*, *Jasmon*, *Decanal*, 0,6% *Anthranilsäuremethylester*, 0,1% *Indol*, 0,1% *Essig-* und *Palmitinsäure*, *Benzoate* und *Phenylacetate*.

Neroliöl ist ein wesentlicher Bestandteil des „klassischen“ Eau de Cologne „4711“ und wird auch in der feinen Parfümerie vielseitig verwendet, da es sich ausgezeichnet mit fast allen Riechstoffen verbindet.

2.1.6.1.6. Petitgrainöl

Dieses auch Orangenblätteröl oder Petitgrain Bigaradeöl genannte wichtige Öl wird durch möglichst rasche Wasserdampfdestillation aus den Blättern und Zweigen der bitteren Orange (*Citrus aurantium* L. subspec. *amara* = *C. bigaradia* Risso) in 0,2—0,25%iger Ausbeute gewonnen. Die wichtigsten Produzenten sind Südfrankreich, Italien, Algerien, Marokko, Tunesien, Spanien und Guinea (insgesamt ca. 10 jato). In Paraguay wird aus einer bitter-sauren Varietät das Petitgrain Paraguayöl gewonnen, das das mengenmäßig bedeutendste (125 bis 300 jato), aber weniger wertvolle Petitgrainöl ist.

Petitgrain Bigaradeöl ist eine hellgelbe Flüssigkeit (d_{15}^{15} 0,8827 bis 0,8981, n_D^{20} 1,4611 bis 1,4683, α_D +4°18′ bis

$-7°24'$) mit angenehmem, frisch-blumigem Geruch, der dem des Neroliöls ähnelt, aber weniger fein, etwas holziger ist. Petitgrain Paraguayöl ist hell- bis dunkelgelb und riecht ähnlich wie das Bigaradeöl, aber deutlich schlechter (d_{15}^{15} 0,885 bis 0,900, n_D^{20} 1,459 bis 1,466, α_D +8 bis $-4°$).

Die Petitgrainöle enthalten viel (—)-*Linalylacetat* (bis 80%), daneben *Ocimen*, *Camphen*, *β-Pinen*, *Limonen*, (±)- und (—)-*Linalool*, *Nerol*, *Geraniol*, (±)- und (+)-*α-Terpineol*, (+)-*Nerolidol*, *Farnesol*, *Geranylacetat*, *Geranyl-* und *Neryloxid*, *Anthranilsäuremethylester*. Sie finden in ausgedehntem Maße in der Parfümerie, besonders für Feinseifen, Verwendung, ebenfalls — in geringen Zusätzen — für Aromen. Das terpenarme Petitgrainöl dient auch als Ersatz für Neroliöl. Petitgrainöl wird oft verfälscht; besonders das Paraguayöl wird häufig zur Vortäuschung von Bigaradeöl „aufgeputzt".

2.1.6.1.7. Limettöl

Man unterscheidet drei Arten von Limett-Bäumen:

- die mexikanische oder westindische, saure Limette (*Citrus aurantifolia* Typus = *C. medica* var. *acida*),
- die süße *Citrus aurantifolia* var.,
- die italienische Limette (*Citrus limetta*).

Limettöl wird durch maschinelles oder Handpressen der Schalen grüner Früchte oder durch Wasserdampfdestillation aus den Schalen reifer oder unreifer Früchte, halbierten Früchten oder dem sauren Saft im ganzen gepreßter Früchte gewonnen (ca. 400 jato). Im Gegensatz zu den anderen Citrusölen ist das destillierte Öl das bedeutendere, da es von vielen Verbrauchern wegen seines angeblich echteren Geruches bevorzugt wird.

Gepreßtes Limettöl ist eine goldgelbe bis dunkelgrüne Flüssigkeit (d_{15}^{15} 0,878 bis 0,901, n_D^{20} 1,482 bis 1,486, α_D +32 bis +38°) mit frischem, citronenölähnlichem, aber stärkerem Geruch. Es enthält vorwiegend Terpenkohlenwasserstoffe (Limonen u. a.), 4,5–8,4% *Citral*, *Bisabolen*, *Cumarine* (*Limettin*, *Isopimpinellin*, *7-Methoxy-5-geranoxycumarin*). Destilliertes Limettöl (d_{15}^{15} 0,860 bis 0,870, n_D^{20} 1,4702 bis 1,4765, α_D +33 bis +47°) ist hellgelb bis fast farblos und riecht scharf, frisch, terpentinähnlich; der Geruch verfliegt schnell. Die Zusammensetzung ist durch den Einfluß der Citronensäure des Saftes in der Hitze anders als die des gepreßten Öls. Es enthält nach der gaschromatographischen Analyse [21] in 97,6% des flüchtigen Anteils 44 Verbindungen, darunter 60% (+)-*Limonen*, 11,6% *p-Cymol*, 1,2% (+)-*Fenchol*, 1,6% (−)-*Terpinenol-4*, 5,9% (−)-*α-Terpineol*; im Rest sind noch etwa 100 nicht identifizierte Verbindungen enthalten.

Die destillierten Öle dienen zur Aromatisierung von Fruchtgetränken (vor allem Cola-Typen), Süßwaren und Nahrungsmitteln, die gepreßten bevorzugt in der Parfümerie für Kölnischwässer, Chypre- u. a. Typen.

2.1.6.2. Cedernholzöl

Das bedeutendste ist das virginische Cedernholzöl, das vorwiegend durch Wasserdampfdestillation der Sägespäne und anderer, z. B. bei der Bleistift- und Zigarrenkistenproduktion anfallender Holzabfälle der *Juniperus virginiana* (Southern Red Cedar) in 2,5- bis 4,5%iger Ausbeute in den USA gewonnen wird (ca. 500 jato). Es ist — doppelt destilliert — ein fast farbloses bis schwach

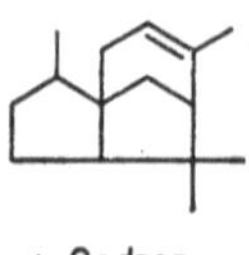

α-Cedren

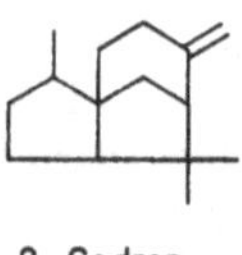

β-Cedren

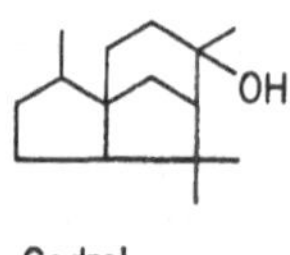

Cedrol

gelbes Öl (d_{15}^{15} 0,940 bis 0,964, n_D^{20} 1,50 bis 1,51, α_D −18 bis −52°) mit balsamisch-holzigem, typisch cedernholzartigem (Bleistift!) Geruch. Beim Abkühlen oder längerem Stehen kristallisiert häufig *Cedrol* aus, dessen Gehalt im virginischen Öl jedoch gewöhnlich nicht sehr hoch ist. Es enthält ca. 80% *α-* und *β-Cedren*, ferner *Cedrol*, *Cedrylacetat*, *Cedrenol*, *Pseudocedrol* und bicyclische Sesquiterpene. Beim Altern des Öls wandeln sich die *Cedrene* teilweise in *Cedrol* um.

Das virginische Cedernholzöl wird vorwiegend in Seifenparfümölen zur Erzielung von Holznoten und zur Fixierung verwendet, wobei es oft die teureren Vetiver-, Sandelholz- und Patschuliöle strecken hilft. Weiterhin dient es zur Parfümierung von Raumsprays, Insecticiden, Desinfektionsmitteln, Haushaltsprodukten u. a. sowie — falls der Gehalt hoch genug ist — zur Isolierung von *Cedrol*. Letzteres ist zwar in reinem Zustand geruchlos, wird aber durch Acetylierung in das frisch-holzig riechende *Cedrylacetat* umgewandelt; auch aus den *Cedrenen* lassen sich gute Riechstoffe gewinnen.

Das Texas-Cedernholzöl wird in 1,8—2,3%iger Ausbeute durch Wasserdampfdestillation des Kernholzes von *Juniperus mexicana* gewonnen, einer kleinen, von Texas bis Mittelamerika verbreiteten Ceder. Das roh dunkelorange bis bräunliche Öl riecht stärker cedernholzartig als das virginische, etwas teerig-rauchig, und wird in der Kälte schnell fest. Nochmalige Destillation liefert ein fast farbloses bis gelbliches Öl, das reiner riecht. Es wird zu den gleichen Zwecken verwendet wie das virginische Öl.

Himalaya-Cedernholzöl stammt von *Cedrus deodara*, die in großen Höhen im Himalaya-Gebiet wächst und wie die Texas-Ceder hauptsächlich zur Ölgewinnung gefällt wird, da das Holz keinen hohen Wert besitzt (50—200 jato Öl). Es ist ein gelbliches bis gelbbraunes Öl (d_{15}^{15} 0,9530 bis 0,9756, n_D^{20} 1,515 bis 1,523, α_D +34 bis +53°) mit süßholzigem, balsamischem Geruch, das in großen Mengen für die Seifenparfümierung eingesetzt wird. Es enthält ebenfalls vorwiegend Sesquiterpenverbindungen.

2.1.6.3. *Citronellöl*

Im Handel sind hauptsächlich 2 Arten bekannt: Ceylon-Citronellöl aus *Cymbopogon nardus* (Lenabatu-Gras, von der Südspitze Ceylons) und Java-Citronellöl aus *Cymbopogon Winterianus* (Maha-Pengiri-Gras; vorwiegend aus Formosa, China, Java, Malaya, Guatemala und Honduras), die jeweils durch Wasserdampfdestillation gewonnen werden.

Ceylon-Citronellöl (500—800 jato) ist eine gelbe bis olivbraune Flüssigkeit (d_{15}^{15} 0,900 bis 0,920, n_D^{20} 1,479 bis 1,494, α_D —7 bis —22°) mit frischem, fettig-grünem Geruch. Hauptbestandteile sind 26—38,8% *Geraniol* und 5,4—15,8% (+)-*Citronellal*, daneben enthält es 10—15% Terpenkohlenwasserstoffe (*Camphen* und *Limonen*), (—)-*Borneol*, *Farnesol*, *Methylheptenon*, *Geranylacetat*, *Nerol*, *Citronellol*, *Methyleugenol*. Es dient vorwiegend für billige Seifenparfümöle (z. B. wird der typische Kernseifengeruch durch Citronellöl hervorgerufen), zur Parfümierung von Bohnerwachsen, Detergentien u. a., besonders wegen seiner geruchsüberdeckenden Wirkung.

Das in höherer Ausbeute und in wesentlich größeren Mengen (ca. 5000 jato) in im allgemeinen moderneren Anlagen gewonnene Java-Citronellöl ist farblos bis blaßgelb (d_{15}^{15} 0,881, n_D^{20} 1,463 bis 1,475, α_D bis —4°) und weist einen feineren Geruch auf als das Ceylonöl. Es enthält 25—45% *Geraniol* und 25—55% (+)-*Citronellal*, daneben *Limonen*, *Citral*, *Citronellol*, *Geranylbutyrat*, *Citronellylcitronellat*, *Eugenol*, *Methyleugenol*, *Isovaleraldehyd*, *Vanillin*, *Citronelloxid*, *Elemol*, *Cadinol* und (+)-*Citronellsäure*. Es wird in großen Mengen für die Parfümierung der gleichen Produkte wie das Ceylonöl eingesetzt und dient außerdem zur Isolierung von *Geraniol* und *Citronellal*; ersteres wird als solches und als Ester verwendet, aus *Citronellal* gewinnt man *Hydroxycitronellal* (s. S. 144), *Citronellol* und dessen Ester sowie *Menthol* (s. S. 52—53).

2.1.6.4. Corianderöl

Es wird durch Wasserdampfdestillation zerquetschter Samen von *Coriandrum sativum* L. in 0,8–1%iger Ausbeute vor allem in der Sowjetunion, Ungarn, der ČSSR, in Polen, Holland, Frankreich und England gewonnen (insgesamt ca. 20 jato). Es ist eine farblose oder gelbliche Flüssigkeit (d_{15}^{15} 0,870 bis 0,885, n_D^{20} 1,463 bis 1,471, α_D +8 bis +13°) mit dem charakteristischen Coriandergeruch und aromatischem, bitterem Geschmack.

Corianderöl enthält 60–70% (+)-*Linalool*, daneben *Geraniol*, (–)-*Borneol* und deren Acetate, ca. 20% Terpenkohlenwasserstoffe (*d*- und *dl-α-Pinen*, *β-Pinen*, *Dipenten*, *α*- und *γ-Terpinen* u. a.), *Decanal* und andere Aldehyde, *Essigsäure* und Spuren *Decylsäure*. Es findet in der Genußmittelindustrie, Pharmazie und Parfümerie direkten Einsatz und dient auch zur Gewinnung von *Linalool*, *Linalylacetat*, *Citral*, *Jonon* u. a.

2.1.6.5. Eichenmoos (Mousse de chêne)

Als Eichenmoos bezeichnet man die Strauchflechte *Evernia prunastri* L., die vorwiegend auf der Rinde von Eichen wächst; das sogen. Baummoos, *Evernia furfuraceae* Fr., findet sich auf der Rinde von Fichten und Kiefern in feuchten Wäldern. Das Eichenmoos des Handels ist ein Gemisch mehrerer Flechten; das eigentliche Eichenmoos riecht am besten, das Baummoos ist schlechter. Flechten von Obstbäumen und Akazien liegen geruchlich etwa in der Mitte.

Eichenmoos wird vor allem im südlichen und mittleren Europa gesammelt (Jugoslawien, Frankreich, Italien, Ungarn) sowie in Marokko und Algerien. Durch Extraktion mit Petroläther oder Benzol gewinnt man daraus nach dem Anfeuchten Eichenmoosextrakte (essences concrètes de mousse de chêne) unterschiedlicher Qualität in 1,5–4%iger Ausbeute. Sie sind stark – meist grün bis schwarzbraun – gefärbt und oft salbenförmig sowie mit Kristallen durchsetzt; sie besitzen den charakteristischen Geruch der Flechten. Die daraus hergestellten essences absolues sind grün und leichter in Feinparfümöle einsetzbar.

Durch Extraktion der Moose mit Aceton erhält man fast farblose Produkte, die aber im Geruch schlechter sind. Auch Extraktion mit Äthanol oder Methanol wird durchgeführt; sie führt zu besserer Ausbeute (8–12%) an Resinoid, da die Depside unter Alkoholyse reagieren und lösliche Produkte bilden. Besser sind die durch Molekulardestillation der Konkrete unter Co-destillation von Schleppmitteln erhaltenen farblosen Öle, die sich gut für die Feinparfümerie eignen.

Durch Wasserdampfdestillation der Flechte erhält man ein sehr stark, aber nicht so gut wie das Absolue riechendes ätherisches Öl in ca. 0,07%iger Ausbeute, das oft als 10%ige Lösung in Cedernholzöl und Benzylbenzoat in den Handel kommt. Häufig wird auch das Resinoid der Destillation mit überhitztem Wasserdampf oder mit Äthylenglykol unterworfen, wobei man unter großen Verlusten farblose und halbkristalline Produkte erhält.

Die Inhaltsstoffe sind je nach Sorte sehr verschieden. Es sind vor allem Flechtensäuren wie *Evernsäure*, *Furfuracinsäure* u. a., die teils zu den leicht spaltbaren Depsiden gehören. Daneben kommen viele andere Verbindungen vor, wie *Borneol*, *Thujon*, *Vanillin*, *Orcinmonomethyläther*.

Die verschiedenen Eichenmoosprodukte gehören zu den wichtigsten Rohstoffen der Parfümindustrie; sie finden wegen ihrer guten fixierenden Wirkung vor allem in Seifen Verwendung, entfärbt auch in der Feinparfümerie.

2.1.6.6. *Fichtennadelöl*

Unter diesem nicht ganz exakten Sammelnamen faßt man die durch Wasser- oder Wasserdampfdestillation der Nadeln, jungen Zweige und einjährigen Fruchtzapfen von Tannen, Fichten, Kiefern und Lärchen in 0,6–3,5%-iger Ausbeute gewonnenen ätherischen Öle zusammen. Im Handel wird von diesem noch Edeltannennadelöl unterschieden; Edeltannenzapfenöl wird auch als Templinöl bezeichnet.

Fichtennadelöle sind gewöhnlich farblos bis gelblich und haben einen kräftigen frisch-balsamischen Geruch. Das wichtigste ist das sibirische Fichtennadelöl von *Abies sibirica* (Sdp. 160–220°, d_{15}^{15} 0,905 bis 0,9025, n_D^{20} 1,469 bis 1,473, α_D –37 bis –43°).

Charakteristischster Bestandteil ist (–)-*Bornylacetat;* sibirisches Fichtennadelöl enthält 30–40%. Daneben liegen verschiedene Monoterpen- (α- und *β-Pinen*, *Camphen*, *Limonen*, *α-Phellandren*, *Myrcen*, *Santen* u. a.) und Sesquiterpenkohlenwasserstoffe (*Cadinen*, *Bisabolen*) und *Laurinaldehyd* vor.

Fichtennadelöle finden u. a. zur Herstellung von Badepräparaten, Seifenparfümen, Luftverbesserern (Sprays), Desinfektionsmitteln, Inhalationsmitteln (z. B. Sanopin) in großen Mengen Verwendung.

2.1.6.7. *Geraniumöl*

Durch Wasserdampfdestillation der Blätter einiger Pelargoniumarten, besonders *Pelargonium graveolens*, werden in 0,1–0,3%iger Ausbeute die zu den wertvollsten ätherischen Ölen zählenden Geraniumöle gewonnen. Von der Jahresproduktion von etwa 200 t werden ca. 50% auf Réunion, einer kleinen, östlich Madagaskar gelegenen, früher Ile de Bourbon genannten Insel gewonnen; der

Rest kommt aus der Sowjetunion, Marokko, Algerien, Kolumbien, Salvador, Kongo u. a.

Das Réunion-Geraniumöl (oft auch als Geraniumöl Bourbon bezeichnet) wird noch heute unter ziemlich schwierigen Bedingungen und in kleinen, unmodernen Apparaten gewonnen. Das Öl fällt dabei sehr unterschiedlich aus und enthält häufig Wasser und Schmutz und muß im allgemeinen vom Verbraucher nochmals gereinigt werden, z. B. durch Absetzen und Filtrieren. Das algerische, früher wichtigste Öl ist ziemlich einheitlich und im allgemeinen von besserer Qualität; seine Produktion ist aber aus verschiedenen Gründen stark zurückgegangen.

Je nach Herkunft und Reinheitsgrad sind die Geraniumöle farblose, grünliche oder bräunliche Flüssigkeiten (d_{15}^{15} 0,89 bis 0,907, n_D^{20} 1,460 bis 1,468, α_D −6 bis −16°) mit angenehmem, grün-rosigem, charakteristischem, starkem Geruch mit süß-fruchtiger Note. Réunion-Geraniumöl hat anfangs eine unangenehme Dimethylsulfid-Spitze, die beim Belüften, Filtrieren und Altern verschwindet.

Réunion-Geraniumöl enthält bis 80% *Geraniol* und *Citronellol*, z. T. verestert; daneben: (−)-*α-Pinen*, *β-Phellandren*, *Isoamylalkohol*, *n-Hexanol*, (+)-*3-Methylpentanol-1*, *Hexen-3-ol-1*, *Methylhexylcarbinol*, *Linalool*, (±)-*α-Terpineol*, *Menthol*, *Borneol*, *Phenyläthylalkohol*, *Citral*, (−)-*Isomenthon* und andere Ketone, *Eugenol*, *Rosenoxid*, *Sesquiterpenkohlenwasserstoffe* und *-alkohole*, *Tiglinsäure*, *Valerian-*, *Ameisen-*, *Essig-* und *Buttersäure*, *Dimethylsulfid*.

Geraniumöl ist ein wichtiger Ausgangsstoff für die Parfümerie, besonders für Rosen- und Phantasieparfüms. In vielen Fällen werden terpenarme Produkte bevorzugt, die z. T. nur durch Abdestillieren der leichterflüchtigen Kohlenwasserstoffe (und anderer Bestandteile) hergestellt werden. Wegen ihres Wertes werden die Geraniumöle häufig verfälscht. Dies wird jedoch mit modernen Methoden schnell erkannt, da die Zusammensetzung dieser

Öle sehr genau untersucht worden ist und fremde Stoffe z. B. bei der gaschromatographischen Analyse sofort auffallen.

2.1.6.8. Krauseminzöl

Das vor allem in den USA (Indiana, Michigan, Wisconsin, Washington, Oregon) in großen Mengen (Weltproduktion über 1000 jato) gewonnene Öl (engl.: spearmint oil) wird durch Wasserdampfdestillation der blühenden Teile von *Mentha spicata* in ca. 0,7%iger Ausbeute erhalten.

Das direkt auf den Feldern in modernen Anlagen destillierte „natural spearmint oil" ist eine hellgelbe bis hellgrüne Flüssigkeit mit charakteristischem, starkem und durchdringendem, sehr warmem, etwas frisch-krautigem Geruch und ähnlichem, etwas bitterem Geschmack. Die rektifizierten Öle (d_{20}^{20} 0,915 bis 0,940, n_D^{20} 1,482 bis 1,492, α_D −35 bis −60°) sind heller und haben einen weniger bitteren, süßerbalsamischen Geschmack.

Hauptbestandteil ist (−)-*Carvon* (56 bis 66%; Kümmelöl enthält dagegen (+)-*Carvon*); als Hauptgeruchsträger gilt *Dihydrocuminylacetat*. Daneben wurden nachgewiesen: *Limonen*, *α-Pinen*, *Phellandren* und andere Terpenkohlenwasserstoffe, zahlreiche Ester des *Dihydrocarveols*, (−)-*Linalool*, *Cineol*, *Pulegon*, *Carvacrol*.

Krauseminzöl findet in der Zuckerwaren- und Gewürzindustrie und der Pharmazie Verwendung sowie — vorwiegend in Amerika — zur Aromatisierung von Kaugummis und Zahnpasten; in der Parfümerie geht es u. a. in Lavendel-, Fougère- und Jasminbasen ein, vor allem in solche für Seifen. Krauseminzöl wird häufig mit synthetischem *Carvon* (aus *Limonen*, das in großen Mengen aus Citrusölen zugänglich ist) verfälscht. Interessanterweise unterscheiden sich die beiden optischen Antipoden (+)- und (−)-*Carvon* deutlich in Geruch und Geschmack.

2.1.6.9. Lavendelöl

Es wird durch schnelle Wasserdampfdestillation frischer blühender Oberteile und Stengel von *Lavandula officinalis* in 0,8–1,5%iger Ausbeute gewonnen. Diese (lavendel)blau blühende, früher meist wildwachsende, jetzt vorwiegend kultivierte Labiate wächst in Stöcken und gedeiht vor allem auf humusreichem, kalkhaltigem Boden in mittleren Höhen von 600–1500 m der Mittelmeerländer, vor allem Südfrankreich (Jahresproduktion 50–100 t), Italien, Jugoslawien, Griechenland, sowie der Sowjetunion, Ungarn und Bulgarien. In England wird eine andere Art, *Lavandula intermedia*, zur Lavendelölgewinnung herangezogen.

Je nach Standort, Wachstumsbedingungen, Varietät und Herstellung werden sehr unterschiedliche Qualitäten erhalten. Die Lavendelöle (d_{15}^{15} 0,880 bis 0,896, n_D^{20} 1,4580 bis 1,4640, α_D^{20} −3 bis −11°) sind fablose bis hellgelbe, bewegliche Flüssigkeiten mit süßem, blumig-krautigem, sehr erfrischendem Geruch.

Charakteristischster Bestandteil ist (−)-*Linalylacetat*, nach dessen Anteil die Qualität der Öle bemessen wird; das wertvollste ist das sogen. Barrême-Öl mit über 50% (−)-*Linalylacetat*. Daneben wurden nachgewiesen: *Ocimen*, *α-Pinen*, *Caren-3*, *Camphen*, *Sabinen*, *Caryophyllen*, *Cadinen*, *Bisabolen*, *Amylalkohol*, (−)-*Linalool*, *Geraniol*, *Nerol*, *Lavandulol*, *Borneol*, *Octenol-1* (auch als Acetat), (+)-*Citronellol* (und Ester), *Cuminalkohol*, *n-Hexanol*, *2-Methylbuten-3-ol-2*, *Terpinenol-4*, *Bisabolol*, *Cadinol*, *Lavandulylmethyl-2-butyrat*, *Lavandulylcaproat*, (+)-*Bornylacetat*, *Cineol*, *Cumarin*, *Linalooloxid*, *Caryophyllenoxid*, *Eugenol*, *Valeraldehyd*, *Furfurol*, *Hexen-2-al-1*, *Äthylamylketon*, *Methylheptenon*, (+)-*Methyläthylessigsäure*. Das englische Lavendelöl enthält viel *Linalool*, weniger *Linalylacetat*. Es weist einen anderen, charakteristischen Geruch auf, der sehr beliebt ist.

Die Lavendelöle gehören zu den in der Parfümerie am meisten verwendeten Riechstoffen, vor allem für Toilettewässer (Eau de Cologne, Lavendelwasser), aber auch in Extrait- und Seifenparfümölen findet es umfangreichen und vielseitigen Einsatz, da es sich ausgezeichnet mit anderen Riechstoffen verbindet. Lavendelöle werden häufig verfälscht bzw. verschnitten, z. B. mit billigerem Lavandinöl und synthetischem Linalylacetat.

Lavendelextrakt (konkretes Lavendelöl) wird vorwiegend in Grasse, dem Zentrum der französischen Riechstoffindustrie, durch Ausziehen der halbtrockenen Blütenstände mit Benzol oder Petroläther in einer Ausbeute von 1,5–2,2% gewonnen. Es ist eine wachsartige Masse oder ein viskoses Öl, infolge Anwesenheit von Chlorophyll dunkelgrün gefärbt und riecht dem blühenden Lavendel sehr ähnlich. Sein relativ niedriger Preis erlaubt seinen vorteilhaften Einsatz in Seifenparfümölen verschiedener Geruchsrichtungen, wie Lavendel, Fougère, Chypre, Tabak u. a. Aus der Hauptmenge des konkreten Lavendelöls wird durch Alkoholextraktion in 50–60%iger Ausbeute Lavendelextraktöl (absolutes Lavendelöl) hergestellt, eine dunkelgrüne, viskose Flüssigkeit mit sehr vollem, süßkrautigem, in Verdünnung sehr lavendelähnlichem Geruch, der süßer, aber weniger blumig als der des ätherischen Öls ist; beide Produkte ergänzen sich gut und werden häufig parallel eingesetzt. Absolutes Lavendelöl wird in Eaux de Cologne und in Feinparfümölen verwendet, u. U. in aufgehellter Form (z. B. durch Adsorption des Chlorophylls u. a. stark färbender Stoffe an Aktivkohle).

2.1.6.10. Lavandinöl

Das erst seit etwa 40 Jahren bekannte, heute zu den mengenmäßig bedeutendsten ätherischen Ölen zählende Lavandinöl (ca. 1100 jato) wird durch Wasserdampfdestillation der blühenden Oberteile und Stengel von *Lavandula hybrida*, eines durch Kreuzen des Lavendels (*L. offici-*

nalis) mit Spiklavendel (*L. latifolia*) erhaltenen, in verschiedenen Formen auftretenden Hybrids, gewonnen. Die Hauptanbaugebiete liegen in Südfrankreich, daneben auch in Italien, Spanien, Ungarn, Jugoslawien und Argentinien.

Das farblose bis gelbliche Öl (d_{15}^{15} 0,894 bis 0,900, n_D^{20} 1,4600 bis 1,4660, α_D^{20} −2 bis −7°) riecht lavendelähnlich, aber mit frisch-krautiger, camphriger Cineolnote. Lavandinöle enthalten nur etwa 25–32% (−)-*Linalylacetat*, das sogen. Abrialisöl bis 40%; sie unterscheiden sich von Lavendelölen außerdem durch ihren *Campher*gehalt (bis 12%). Weiterhin wurden nachgewiesen: *Ocimen*, *Alloocimen*, α- und *β-Pinen*, *Camphen*, *Limonen*, *Bisabolen*, (−)-*Lavandulol* ($<$0,1%), (−)-*Linalool*, *Nerol*, (−)-*α-Terpineol*, (+)-*Borneol* (ca. 2,3%), *Perillaalkohol*, *Terpinenol-4*, *Cineol*, *Linalooloxid*, *Hexanal*, *Äthylamylketon*, *Crypton*, *Diisopropylketon*, *Nopinon*, *Carvon*, *Hexylacetat*, *Octylacetat*, *Linalylbutyrat*, *Eugenol*.

Lavandinöl wird in großen Mengen in Seifenparfümölen und zur Parfümierung anderer Reinigungsmittel eingesetzt. Seinen großen Aufschwung verdankt es wohl in erster Linie der Verknappung an Lavendelöl. Lavandinextrakt (konkretes Lavandinöl) und das absolute Lavandinöl werden wie die entsprechenden Lavendelprodukte gewonnen; ersteres dient vorwiegend zu Seifenparfümierung, letzteres auch für alkoholhaltige Produkte.

2.1.6.11. Lemongrasöl

Von diesem wichtigen Öl (ca. 1600 jato) sind 2 Arten bekannt, die beide durch Wasserdampf- bzw. Wasser- und Dampfdestillation in ca. 1%iger Ausbeute (bezogen auf trockene Gräser) gewonnen werden, und zwar das ostindische Lemongrasöl aus *Cymbopogon flexuosus*

(Indien) und das sogen. westindische Lemongrasöl aus *Cymbopogon citratus* (Indien, Afrika, Mittelamerika, Westindische Inseln, Südamerika, Südostasien).

Lemongrasöl ist eine citronenartig, leicht krautig riechende, rötlichgelbe bis braunrote Flüssigkeit (d_{15}^{15} 0,899 bis 0,905, n_D^{20} 1,483 bis 1,488, α_D + 1°25′ bis −5°), die bei Zimmertemperatur bis 3% Wasser klar gelöst enthalten kann. Hauptbestandteil ist *Citral* (70–85%; rektifizierte Öle bis 95%), daneben sind *Methylheptenon*, *Methylheptenol*, *Geraniol*, *Nerol*, *Farnesol*, *Decylaldehyd* und *Citronellal* enthalten. Das erdiger riechende westindische Öl enthält etwas weniger *Citral* und 12–20% *Myrcen*.

Lemongrasöl wird in geringem Umfang direkt in der Parfümerie verwendet; es dient vorwiegend zur Gewinnung von *Citral*, das direkt eingesetzt wird, sowie vor allem zur Herstellung der *Jonone* und *Methyljonone* (s. S. 146) und von *Vitamin A*.

2.1.6.12. Muskateller Salbeiöl

Dieses wird durch Wasserdampfdestillation der frischen oder getrockneten blühenden Spitzen und des Krautes von *Salvia sclarea* L. in 0,1–1,1%iger Ausbeute (bezogen auf trockenes Kraut) gewonnen. Hauptproduzenten sind vor allem die Sowjetunion (Krim, Grusinien), ferner Marokko, Frankreich und Italien, Deutschland, Ungarn, Rumänien, Jugoslawien. Es ist eine farblose bis hellgelbe Flüssigkeit (d_{15}^{15} 0,8916 bis 0,9066, n_D^{20} 1,4674 bis 1,4735, α_D −21°40′ bis −24°21′) mit süß-krautigem, etwas lavendelähnlichem Geruch, der nach Verdunsten der flüchtigeren Anteile deutlich an Ambra erinnert.

Es enthält vorwiegend (±)- und (−)-*Linalool* und *Linalylacetat* sowie *Geraniol*, *Nerol*, (+)-*α-Terpineol* und deren Acetate, ferner *Ocimen*, *Myrcen*, *Alloocimen*, *α*- und *β-Pinen*, *Limonen*, *Camphen*, *p-Cymol*, *n-Hexanol*, *Octanol-3*, *cis-Hexen-3-ol-1*, *Octen-1-ol-3*, *Hexanal*, *Heptanal*, *Octanal*, *Nonanal*, *Benzaldehyde*, *Cineol*, *Cadinen* und andere Sesquiterpene sowie *Sclareol*. Es wird vielseitig in der Parfümerie eingesetzt, so für Lavendel-, Bergamott- und Ambrabasen.

Durch Extraktion wird aus den blühenden Pflanzen in Marokko und Südfrankreich ein Konkret (Concrète sauge sclarée) gewonnen, eine feste, grüne, sehr voll und haftend riechende Masse, die wegen ihrer hohen fixierenden Wirkung direkt zur Seifenparfümierung eingesetzt wird. Aus diesem wird das Absolut gewonnen, eine ebenfalls grüne, feste oder salbenförmige Masse, die wegen ihres besonders angenehmen, haftenden Geruchs für zahlreiche Parfümbasen verwendet wird. Das absolute Öl enthält etwa 42% *Sclareol*, das für die fixierende Wirkung verantwortlich ist. Dieser Diterpenalkohol ist ein wichtiges Ausgangsprodukt für die Synthese von Ambrariechstoffen (s. S. 123) und wird zu diesem Zweck auch aus dem ätherischen Öl isoliert.

2.1.6.13. Nelkenöl

Der Gewürznelkenbaum (*Eugenia caryophyllata*) ist eine 12—18 m hohe Myrtacee, die ursprünglich von den Molukken stammt und heute in fast allen tropischen Ländern angebaut wird, vor allem aber in Sansibar, Pemba, Madagaskar und auf den Seychellen. Es werden drei Öle unterschieden.

Das *Nelkenknospenöl* wird durch Wasserdampfdestillation aus den Nelken, das sind die vor der vollen Entwicklung gesammelten und an der Luft getrockneten Blütenknospen, in etwa 15—19%iger Ausbeute gewonnen; die Jahresweltproduktion beträgt 300 bis 500 t. Das charakteristisch nach den Gewürznelken riechende, bitter schmeckende, gelbliche Öl (d_{15}^{15} 1,043 bis 1,068, n_D^{20} 1,529 bis 1,537, α_D bis $-1°35'$) enthält 78 bis 98% *Gesamteugenol*, einschließlich 10—15% *Acetyleugenol*. Letzteres ist für den natürlichen Geruch des Nelkenknospenöls notwendig; es wird bei der Gewinnung des Öls durch Wasserdampfdestillation teilweise hydrolysiert. Nebenbestandteile sind die während der Destillation gebildeten Sesquiterpenkohlenwasserstoffe *Caryophyllen* und *Humulen*, weiterhin *Caryophyllenoxid*, *Methanol*, *Heptanol-2*, *Nonanol-2*, *Benzylalkohol*, *Furfurylalkohol*, *Methylbenzoat*, *Methylsalicylat*, *Methylamyl-* und *-heptylketon*, *Furfurol*, *α-Methylfurfurol*, *Dimethylfurfurol*, *Vanillin*.

Nelkenknospenöl wird wegen seines süß-würzigen Geruchs vielseitig in der Parfümerie eingesetzt (z. B. für Herrenparfüms, After-shave Lotions, orientalische Noten), vorwiegend jedoch in der Aromenindustrie, so zur Aromatisierung von Backwaren, Würzen, Pökel- und Büchsenfleisch, Tabaken (besonders in Indonesien); ein kleinerer Teil dient zur Isolierung von *Eugenol*, das in *Isoeugenol*, *Eugenolmethyläther*, *Eugenolbenzyläther* und *Vanillin* umgewandelt wird.

Nelkenstielöl wird in Malindi (Sansibar) durch Wasserdampfdestillation der getrockneten Stiele gewonnen, an denen die Nelkenknospen wachsen; die Jahresproduktion beträgt etwa 250 t. Das Öl besteht zu 90—96% aus *Eugenol* und ist billiger als das Knospenöl; es wird für die gleichen Zwecke verwendet, vorwiegend zur Eugenolgewinnung.

Nelkenblätteröl wird auf Madagaskar aus Blättern und Zweigen durch Wasserdestillation gewonnen und macht hier 80% der gesamten Nelkenölproduktion (ca. 1000 jato) aus; die restlichen 20% werden aus Stielen gewonnen. Es gehört zu den 12 mengenmäßig bedeutendsten ätherischen Ölen. Das rohe Öl ist dunkelbraun und oft trübe, riecht phenolisch, streng, holzig-trocken. Es besteht zu 82—88% aus *Eugenol* und dient vorwiegend zu dessen billiger Gewinnung für die Synthese von *Vanillin* usw.; es ist keine Synthese für *Eugenol* bekannt, die hiermit konkurrieren könnte. Daneben werden aus ihm beträchtliche Mengen *Caryophyllen* isoliert, das z. T. als solches in der Parfümerie eingesetzt wird, z. T. zur Synthese neuer Riechstoffe dient. Das nochmals rektifizierte Öl ist hellgelb und riecht den anderen beiden Nelkenölen ähnlicher, wenn auch nicht so gut; es wird in der Parfümerie für billigere Produkte und Seifenparfümöle eingesetzt.

2.1.6.14. Palmarosaöl

Das in einer Ausbeute bis zu 1% aus den frischen oder getrockneten Blättern von *Cymbopogon Martini* var. *motia* durch Wasserdampf- oder Wasserdestillation vorwiegend in Indien und Java gewonnene Palmarosaöl (30—50 jato) ist eine farblose bis hellgelbe Flüssigkeit (d_{15}^{15} 0,887 bis 0,90, n_D^{20} 1,472 bis 1,477, α_D +6 bis —3°) mit süßem, rosenölähnlichem Geruch. Es besteht zu 75—95% aus *Geraniol* (davon 3—13% als Acetat und Caproat) und enthält daneben *Nerol*, *Linalool*, *α-Terpineol*, *Farnesol*, *Citral*, *Citronellal*, *Methylheptenon*, *Form-* und *Isovaleraldehyd*, *Ocimen*. Palmarosaöl dient zur Gewinnung hochwertigen Geraniols (das nach und nach durch synthetisches Geraniol verdrängt wird) und als Komponente für Parfümöle für Seifen und Kosmetika. Es wird häufig mit synthetischem oder Citronellöl-Geraniol oder mit *Gingergrasöl* verfälscht. Letzteres ist eine minderwertigere Abart des Palmarosaöls und wird aus *Cymbopogon Martini* var. *sofia* in Indien in primitiveren Anlagen gewonnen und enthält nur ca. 45% *Geraniol* neben (+)-*α-Phellandren*, (+)- und (±)-*Limonen*, *Perillaalkohol*, (±)-*Carvon*. Es wird für billige Seifen und Detergentien eingesetzt.

2.1.6.15. Patschuliöl

Dieses typisch exotische Öl wird durch Wasser- oder vor allem Wasserdampfdestillation aus den Blättern von *Pogostemon patchouli* in 1—3,5%iger Ausbeute (bezogen auf getrocknete Blätter) gewonnen. Diese Labiate wird vorwiegend in Südostasien, vor allem auf Sumatra, um Singapur, auf den Seychellen und Nossi-Bé, in China und Johore zur Ölgewinnung kultiviert. In getrocknetem Zustand wird die charakteristisch riechende Pflanze dort auch zum Parfümieren von Teppichen, Schals und anderen Geweben sowie zur Insektenabwehr verwendet.

Die Destillation erfordert große Erfahrung und Sorgfalt. Zur Erzielung höchster Ausbeuten müssen die Zellwände durch vorsichtige Fermentation oder kurze Behandlung mit überhitztem Dampf vor der eigentlichen Destillation zerstört werden. Die Weltproduktion beträgt etwa 100 jato; Hauptlieferant ist Indonesien.

Das dunkelorange oder grünlich- bis dunkelbraune, dickflüssige Öl (d^{15} 0,966 bis 0,995, n_D^{20} 1,507 bis 1,513, α_D −50 bis −71°), aus dem sich manchmal Kristalle (*Patschulialkohol*) ausscheiden, besitzt einen sehr intensiven, anhaftenden und aufdringlichen, typisch exotischen Geruch, der als aromatisch-würzig, balsamisch-süß, etwas holzig, fruchtig und erdig beschrieben werden kann. Diesen Geruch bewirken vor allem *Patschulialkohol*, *Patschulipyridin* und *Epiguajpyridin*; letztere beiden bewirken die betäubende Note des Patschuliöls.

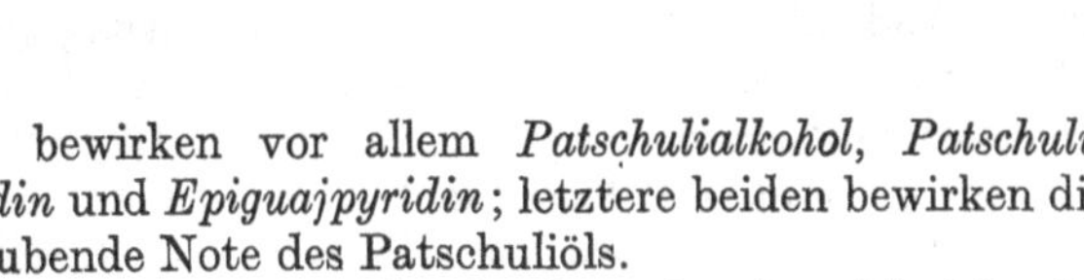

Patschulialkohol Patschulipyridin Epiguajpyridin

Patschuliöl wird in der Parfümerie sehr vielseitig eingesetzt und besonders wegen seiner Geruchsnote und der Haftfestigkeit geschätzt. Vor allem in orientalischen und Holzbasen, in Fougère- und Chypre-Typen spielt es eine bedeutende Rolle.

Durch Benzol- oder Petrolätherextraktion wird aus den getrockneten Blättern das Patschuli Resinoid gewonnen, eine dunkle, viskose Flüssigkeit, die neben dem gleichen Geruch eine noch stärker fixierende Wirkung als das Öl besitzt. Aus ihm wird entweder das Absolue hergestellt (Extraktion mit Alkohol) oder durch Molekulardestillation ein fast farbloses Öl, das zur Gruppe der Anhydrole oder Resinoine gehört und für helle Extraitparfüms wertvoll ist.

Patschuliöl wird häufig verfälscht, z. B. mit Abietinsäuremethylester, Cedernholzöl, Nelkenölsesquiterpenen u. a.

2.1.6.16. Pfefferminzöl

Mit einer Gesamtproduktion von ca. 5000 jato rangieren die Pfefferminzöle (einschließlich der sogen. Minzöle, s. u.) mengenmäßig nach den Terpentin- und Fichtennadelölen an 3. Stelle der ätherischen Öle. Sie werden vorwiegend durch Wasserdampfdestillation aus dem Kraut blühender oder kurz vor der Blüte stehender, angetrockneter Pflanzen verschiedener *Mentha*-Arten in Ausbeuten von 0,1—1,0% gewonnen.

Die eigentlichen *Pfefferminzöle* stammen von *Mentha piperita* aus Europa und Nordamerika (vor allem Oregon und Washington). Die besten Öle sind die „black Mitcham oils" oder „Mitcham peppermint oils", die ihren Ursprung in England haben. Die sogen. *Minzöle* werden dagegen vor allem aus *Mentha arvensis* var. *piperascens* vorwiegend in Ostasien und Südamerika gewonnen. Hauptexporteure von *Mentha piperita*-Ölen sind die USA, ferner die Sowjetunion, Bulgarien, Italien und Marokko, von *Mentha arvensis*-Ölen Japan, China, Brasilien und Formosa.

Das bei der Gewinnung zunächst anfallende Pfefferminzöl von *Mentha piperita* ist eine schwachgelb bis helloliv gefärbte, angenehm erfrischend und charakteristisch nach Pfefferminze riechende Flüssigkeit mit kühlendem, lange anhaltendem Geschmack. Das durch Vakuumdestillation oder erneute Wasserdampfdestillation rektifizierte oder redestillierte Pfefferminzöl (d_{25}^{25} 0,900 bis 0,907, n_D^{20} 1,4598 bis 1,4640, α_D −19°30′ bis −28°8′) ist völlig oder nahezu farblos und sowohl geruchlich als auch geschmacklich von höherem Wert.

Das amerikanische Öl enthält etwa 50% (−)-*Menthol* (z. T. verestert; die Mitchamöle enthalten bis zu 60%, und zwar in höherem Maße verestert), daneben (+)-*neo-Menthol* (s. S. 51), *Menthon*, *α-Pinen*, *Limonen*, *Terpinen*, *Phellandren*, *Isoamylalkohol*, *Amylalkohol*, *Äthyl-n-amylcarbinol*, *Hexenol*, *trans-Sabinenhydrat*, *Acetaldehyd*, *Isovaleraldehyd*, *Aceton*, *Pulegon*, *Piperiton*, *Jasmon*, *3-Methylcyclohexanon-1*, *Thymol*, *Carvacrol*, *Cineol*, *Essig-*, *Isovalerian-* und andere Säuren, *Cadinen*, *Caryophyllen*, *β-Caryophyllenalkohol*, *Clovandiol*, *β-Betulenol*, *Dimethylsulfid*. Ein charakteristischer Bestandteil ist das wegen seines Geruches unerwünschte *Menthofuran* (s. S. 53), das kurz vor der Blüte nur in kleinen Mengen vorliegt, später jedoch zunimmt; u. a. aus diesem Grund wird die Destillation kurz vor oder nach Beginn der Blüteperiode vorgenommen.

Die rohen Öle von *Mentha arvensis* enthalten dagegen so viel (−)-*Menthol* (70—90%), daß dieses z. T. auskristallisiert, so daß das Rohöl eine feste, ölige Masse ist. Durch Abkühlen und Abschleudern lassen sich etwa 40% des *Menthols* abtrennen, die als „crystals" verkauft werden. Das flüssige Restöl kommt als „dementholized oil" (mit ca. 55% *Menthol*) (d_{15}^{15} 0,8992 bis 0,9043, n_D^{20} 1,459 bis 1,463, α_D −29 bis −37°) in den Handel; es ist wegen seines bitteren Geschmacks von geringerem Wert als die echten Pfefferminzöle und wird daher — nach Rektifikation — häufig zu deren Verfälschung benutzt, vorwiegend jedoch zur Komposition billiger „Pfefferminzöle" und zur Gewinnung weiteren *Menthols* nach Reduktion des (bitter schmeckenden) (−)-*Menthons* (s. S. 51).

Neben (−)-*Menthol* enthalten Minzöle (−)-*α-Pinen*, (−)-*Limonen*, (+)-*Äthyl-n-amylcarbinol*, (+)-*neo-Men-*

thol, *β, γ-Hexenylphenylacetat*, (−)-*Menthon*, *Piperiton*, *Caryophyllen*, *Ameisen*,- *Essig*-, *Isovalerian*-, *Capron*- und andere Säuren, *Furfurol*, (−)-*Menthylacetat*, *Isovaleraldehyd*, *Camphen*, (−)-*Pulegon*, (+)- und (±)-*iso-Menthon*, *Thymol*, *Acetaldehyd*, *Aceton*, *Methyläthylketon*, *Methylamylketon*, *1-Methylcyclohexanon-3* und *Methylheptenon*, dagegen *kein Menthofuran*.

Pfefferminzöl findet weniger in der Parfümerie Anwendung, sondern vor allem als Aromatisierungsmittel in der Lebens- und Genußmittelindustrie und von Zahnpasten u. ä. sowie in der Pharmazie. Die Minzöle dienen vorwiegend zur Isolierung des für die gleichen Zwecke eingesetzten *Menthols*, das vor allem wegen seines kühlenden Effektes auch für Kosmetika (z. B. Lippenstifte, Haarwässer, Rasierwässer und -cremes, Gesichtscremes) verwendet wird.

2.1.6.17. Rosenöle

Rosenprodukte zählen zu den bekanntesten und wertmäßig bedeutendsten Grundstoffen der Parfümerie. Im Aussehen weichen die Ölrosen deutlich von den Zierrosen ab, sie sind den Heckenrosen ähnlicher; Hauptwert wird natürlich auf Ölgehalt, Blütenertrag und Wetterbeständigkeit gelegt. Je nach Rosenart und Gewinnungsmethode werden verschiedene Produkte unterschieden.

Bulgarisches Rosenöl („Otto of Rose") wird durch Wasserdampfdestillation der Blüten von *Rosa damascena* gewonnen. Zur Erzielung guter Ausbeuten muß kurz nach dem Pflücken destilliert und das Destillationswasser kohobiert werden (zwecks Gewinnung des bei Zimmertemperatur zu ca. 1,6% in Wasser löslichen *Phenyläthylalkohols*). Außer im bulgarischen „Tal der Rosen" bei Kazanlik/Karlovo wird *Rosa damascena* auch in der Sowjetunion, der Türkei, Syrien, China und Indien zur Ölgewinnung angebaut; die Jahresweltproduktion schwankt zwischen 1 und 2,5 t. Zur Gewinnung von 1 kg Öl sind etwa 5000 kg Blüten notwendig, was den hohen Preis verständlich macht.

Rosenöl ist eine schwach- bis grüngelbe Flüssigkeit mit sehr intensivem, warmem Geruch, der bei starker Verdünnung deutlich rosenähnlich wird. Bei leichter Abkühlung (unter 21°) scheidet es in farblosen Blättchen das sogen. *Stearopten* aus, vorwiegend ein Gemisch aus höheren Paraffinkohlenwasserstoffen, das etwa 16 bis 22% des Rosenöls ausmacht; der flüssig bleibende Teil wird als *Eleopten* bezeichnet. Bulgarisches Rosenöl muß nach dem Standard der Handelsorganisation „Bulgarska Rosa" folgende Daten aufweisen [22]: d_{30} 0,8480 bis 0,8610, n_D^{25} 1,4530 bis 1,4640, α_D −2,2 bis −4,8°, E. P. +16,5 bis +23,5°, S. Z. 0,92 bis 3,75, E. Z. 7,2 bis 17,2, E. Z. nach Acetylierung 197,0 bis 233,3.

Hauptinhaltsstoffe sind: 30–40% *Geraniol*, 5–10% *Nerol*, 34–55% (−)-*Citronellol* („*Rhodinol*") und *Phenyläthylalkohol* (in normal destillierten Ölen nur etwa 1%, nach Zusatz des kohobierten Öls bis 15%), daneben *Linalool* und *Äthanol* sowie Ester sämtlicher Alkohole (2,5–6%), 0,5–1% *Citral*, *Carvon*, *aliphatische Aldehyde*, *Farnesol*, ca. 1% *Eugenol*, 1–1,2% *Eugenolmethyläther*, *Zimt-*, *Phenylacet-* und *Salicylaldehyd*.

Marokkanisches Rosenöl wird dagegen aus den Blüten einer Abart der *Rosa centifolia* (Rose de Mai) gewonnen; es scheint an Bedeutung zuzunehmen, da die Gewinnungsmethoden verbessert wurden und die Qualität dem bulgarischen Öl fast gleichkommt. Öle aus *Rosa centifolia* werden auch in Südfrankreich gewonnen. *Rosa alba* und *R. gallica* werden heute seltener angebaut; erstere ist zwar widerstandsfähiger als die anderen Sorten, liefert aber etwa 50% weniger Öl.

Rosenextrakt (konkretes Rosenöl, essence concrëte de rose) wird in Bulgarien und in der Türkei aus *Rosa damascena*, in Marokko, Frankreich, Italien u. a. aus *Rosa centifolia* durch Extraktion der frischen Blüten mit gereinigtem Petroläther, der anschließend entfernt wird, gewonnen. Beide Konkrete sind feste, wachsartige, orangegelbe bis olivgrüne Massen, die einen Erstarrungspunkt von +41 bis +46,5° besitzen und einen sehr vollen, süßblumigen Rosengeruch aufweisen, wobei das bulgarische Produkt eine würzige und honigartige Note aufweist und besonders geschätzt wird.

Rosenextraktöl (absolutes Rosenöl, essence absolue de rose) wird aus dem Konkret durch Ausziehen mit etwas verdünntem, reinem Äthanol gewonnen. Hierbei liefert das Konkret aus *Rosa centifolia* ca. 67% Absolut, das aus *Rosa damascena* nur ca. 50%. Die absoluten Rosenöle werden häufig nicht vom Hersteller der Extrakte, sondern von den Riechstoffirmen selbst gewonnen. Es sind gelborange bis orangebraune, viskose Flüssigkeiten mit vollem, süßem, haftendem Rosengeruch. Die Absoluts aus bulgarischem Konkret sind etwa doppelt so teuer wie die aus *Rosa centifolia*.

Alle diese Produkte werden zur Komposition vor allem teurer und mittlerer Parfüme vielseitig eingesetzt, aber auch in geringen Zusätzen in besseren Seifenparfümölen; außer ihrem sehr anpassungsfähigen Geruch bringen sie eine gute Verbindungsfähigkeit mit. Daneben wird Rosenöl zur Aromatisierung von Zuckerwaren, Likören, Tabak u. a. verwendet.

2.1.6.18. Rosmarinöl

Durch Wasserdampfdestillation der Blüten und Blätter von *Rosmarinus officinalis* wird vor allem in Spanien, Tunesien, Jugoslawien (Dalmatien), Frankreich, Marokko und der Sowjetunion in einer jährlichen Gesamtmenge von etwa 100 t das ätherische Rosmarinöl gewonnen. Die besten Qualitäten kommen aus Frankreich und Tunesien; Hauptproduzent ist Spanien, dessen Öle jedoch wegen gelegentlicher Mitdestillation von Zweigen im Geruch sehr unterschiedlich sind. Rosmarinöl ist eine farblose bis gelbe, leicht bewegliche Flüssigkeit (d_{15}^{15} 0,894 bis 0,920, n_D^{20}. 1,466 bis 1,473, α_D —6 bis +11°30′) mit starkem, frischem, holzig-krautigem Geruch; schlechtere Öle riechen deutlich nach Cineol und Campher. Hauptbestandteile sind *1,8-Cineol* (ca. 25%), *Borneol* (ca. 15%), *Campher*, *Bornylacetat* (2—7%), *α-Pinen* und andere Monoterpenkohlenwasserstoffe.

Es findet ausgedehnte Anwendung in Eaux de Cologne, Lavendelwasser, Parfümölen mit Fougère-, Fichtennadel- und orientalischen Noten, in Raumsprays, Desinfektionsmitteln u. a., auch zur Geruchsüberdeckung (besonders für phenolische und teerige Nebengerüche).

2.1.6.19. Sandelholzöl, ostindisches

Das in Indien durch Wasser- oder Wasserdampfdestillation des zerkleinerten Holzes vorwiegend kultivierter, mindestens 30-jähriger Bäume von *Santalum album* in 4,5—6,5%iger Ausbeute gewonnene Öl ist für die Parfümerie sehr wertvoll, da es neben seinem angenehmen Geruch eine sehr gute fixierende Wirkung besitzt. Von der Weltproduktion von ca. 100 jato werden 75—80% in Indien destilliert, besonders in der Provinz Mysore. Dort spielt es schon seit über 4000 Jahren eine wichtige Rolle, obwohl es in Europa erst im vorigen Jahrhundert bekannt wurde.

Ostindisches Sandelholzöl ist eine gelbliche, viskose Flüssigkeit (d_{15}^{15} 0,973 bis 0,985, n_D^{20} 1,504 bis 1,509, α_D —16 bis —21°) mit intensiv balsamischem, süß-holzigem, lange haftendem und stabilem Geruch. Es besteht

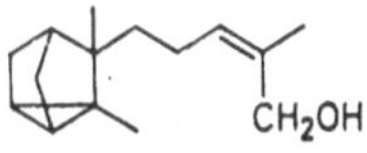

α-Santalol

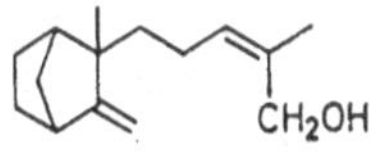

β-Santalol

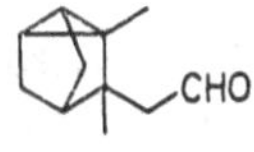

Nortricycloekasantalal

zu etwa 90% aus α- und *β-Santalol*; den Rest bilden α- und *β-Santalen*, *Santalylacetat*, *Santalal*, *Santen*, *Nortricycloekasantalan und -santalal*, *Santenol*, *Santalsäuren*, *Teresantalol*, *Teresantalsäure*, *Phenole*, *Lactone* u. a.

Es findet als ausgezeichneter Holzriechstoff und Fixateur in der Parfümerie ausgedehnte Anwendung, vor allem für bessere Seifenparfümöle verschiedener Duftrichtungen; es verbindet sich hervorragend mit anderen Riechstoffen. In Indien werden auch die sogen. „Attars" mit Hilfe von Sandelholzöl hergestellt, indem man entweder die betreffenden Blüten mit Sandelholzöl „codestilliert" oder die Blütenöle in Sandelholzöle enthaltende Vorlagen eindestilliert. Wegen seines Wertes wird das echte Öl häufig verfälscht, was aber im allgemeinen leicht erkannt werden kann. Aus dem gleichen Grund ist man seit langem bestrebt, geeignete Syntheseprodukte zu entwickeln, die den gleichen Effekt wie das ostindische Sandelholzöl hervorrufen (s. S. 161).

Das westaustralische Sandelholzöl, das oft zur Verfälschung des ostindischen herangezogen wurde und selbst in der Parfümerie Verwendung findet, wird aus dem Holz von *Eucarya spicata* gewonnen und enthält zwar 90—95% Alkohole, aber weniger *Santalole* als das ostindische Öl, die für den Geruch entscheidend sind.

2.1.6.20. Terpentinöle

Die Terpentinöle stammen ausschließlich von Vertretern der Familie *Pinaceae*, vor allem von *Pinus silvestris* (deutsches und sowjetisches Terpentinöl), *P. palustris* und *P. heterophylla* (amerikanisches Terpentinöl) sowie *P. maritima* (= *P. pinaster*, französisches und spanisches Terpentinöl).

Die verschiedenen Terpentinöle werden durch Destillation des Terpentins, des bei der Verwundung der Coniferen austretenden Balsams, mit Wasser oder Wasserdampf in einer Ausbeute von 12–25% gewonnen; im Rückstand bleibt Kolophonium (s. S. 122). Neben diesem *Balsamterpentinöl* (Jahresproduktion ca. 220 000 t) sind Kienöl (durch trockene Destillation von Kiefernholz oder -wurzeln), Holzterpentinöl (durch Wasserdampfdestillation von Stubben, z. B. Pine oil), Sulfat- und Sulfitterpentinöl (Nebenprodukte der Sulfat- bzw. Sulfitzellstoffgewinnung) von Bedeutung.

Frisch destilliert ist Balsamterpentinöl (Sdp. vorwiegend 155–162°, d_{15}^{15} 0,865 bis 0,870, n_D^{15} 1,471 bis 1,474, α_D −33 bis +41°) eine fablose, leicht bewegliche Flüssigkeit mit je nach der Herkunft etwas unterschiedlichem, aber charakteristischem Geruch. Es ist ziemlich leicht flüchtig; beim Stehen an der Luft verändert es sich schnell, vor allem carenreiche Öle und in Gegenwart von Wasser. Es wird hierbei dickflüssig, in dünner Schicht verharzt es unter Sauerstoffaufnahme zu einer spröden, kolophoniumartigen Masse; da es den Sauerstoff der gebildeten Peroxide z. T. auf Leinöl überträgt, ist es als Lacklösungsmittel sehr geeignet.

Hauptbestandteile der Balsamterpentinöle sind bicyclische Monoterpenkohlenwasserstoffe $C_{10}H_{16}$; die amerikanischen, französischen und spanischen Öle enthalten vorwiegend α- und *β-Pinen*, die sowjetischen, indischen, finnischen und schwedischen viel Δ^3- und Δ^4-*Caren*. Deutsches Balsamterpentinöl enthält etwa 39% *α-Pinen*, 17% *β-Pinen* und 30% *Δ^3-Caren*. Außer als Lösungsmittel in der Lack-, Firnis- und Farbenindustrie und zur Herstellung von Bohnerwachs, Schuhcremes sowie als Reinigungsmittel dient es in großen Mengen zur *Campher*synthese und zur Gewinnung von Riechstoffen wie *α-Terpineol*, *Linalool*, *Geraniol*, *Citronellol* usw. (s. S. 131, 163).

2.1.6.21. Vetiveröl

Dieses wird durch Wasserdampfdestillation gereinigter und getrockneter Wurzeln von *Vetiveria zizanioides* (einer Grasart) in 2–3%iger Ausbeute gewonnen (ca. 90 bis 130 jato). Hauptproduktionsländer sind Réunion (Ile de Bourbon), Haiti und Indien, ferner Java, Japan, Kongo u. a. Das in sehr unterschiedlichen Qualitäten gehandelte Öl (d^{15}_{15} 1,013 bis 1,040, n^{20}_{D} 1,522 bis 1,528, α_D +25 bis +41°) ist im allgemeinen braun und viskos und besitzt einen eigenartigen, anhaftenden, süß-holzigen Geruch.

Vetiveröl besteht fast ausschließlich aus Sesquiterpenen. Für den Geruch sollen *α*- und *β*-*Vetivon* entscheidend sein;

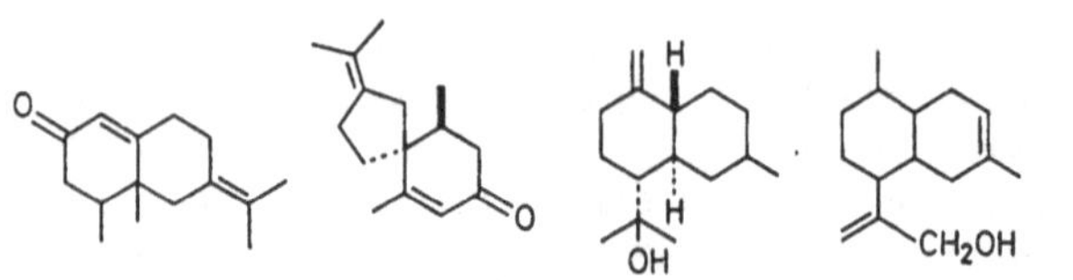

α-Vetivon β-Vetivon Veticadinol Khusol

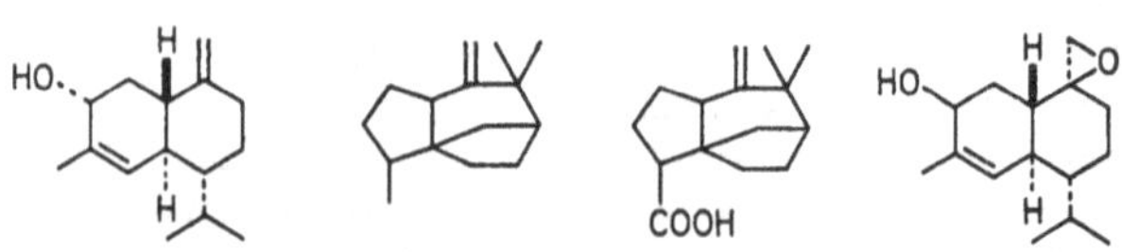

Khusinol Khusen Khusensäure Khusinoloxid

daneben enthält es u. a. *Veticadinol*, *Lävojunenol*, *Khusol*, *Khusinol*, *Khusenol*, *Khusen*, *Khusen*- und *Isokhusensäure*, *Khusinoloxid*, *Vetivenylvetivenat*.

Vetiveröl findet in der Parfümerie ausgedehnte Anwendung, vor allem in Holz-, Ambra-, Fougère-, Chypre-, Moos- und anderen Basen sowie als Fixateur. Aus den durch Destillation abgetrennten *Vetivenolen* (= *Vetiverolen*, Gesamtheit der Sesquiterpenalkohole) wird *Vetiveryl*-

acetat gewonnen, ein Gemisch aus zahlreichen Sesquiterpenacetaten; die *Vetivone* werden direkt eingesetzt.

Durch Extraktion der Wurzeln mit Benzol erhält man das Vetiver Resinoid, eine dunkelbraune, halbfeste Masse, die wegen des Fehlens unerwünschter, durch die Destillation gebildeter niedrigsiedender Bestandteile echter als das ätherische Öl riecht. Molekulardestillation des Resinoids ergibt das helle Anhydrol Vetiver; der Rückstand wird als Vetiver Resin bezeichnet und als Fixateur verwendet.

2.1.6.22. Ylang-Ylangöl

Dieses Öl wird in 1,5—2,5%iger Ausbeute durch Wasser- oder Wasser- und Dampfdestillation frisch gepflückter Blüten von *Cananga odorata* gewonnen, eines bis 20 m hohen Baumes, der vorwiegend auf den Komoren und Nossi-Bé, ferner auch auf den Philippinen und Réunion, Haiti und Sansibar angebaut wird. Während der Destillation werden — nach Geruch — verschiedene Fraktionen aufgefangen, die unterschiedlich bewertet werden, aber auch verschieden ausfallen:

1. Fraktion (30—45% der Gesamtmenge):	Ylang-Ylang Extra,
2. Fraktion:	Ylang-Ylang I,
3. Fraktion:	Ylang-Ylang II,
4. Fraktion:	Ylang-Ylang III.

Die verschiedenen Qualitäten werden oft verfälscht, was z. Z. noch am sichersten mittels des Geruchs erkannt werden kann. Meist wird nach der Extra- und einer guten III. Qualität verlangt; aus der I. und II. Qualität setzt man das sog. Ylang-Ylang Complete zusammen bzw. verschneidet damit die anderen Sorten. Wegen der unterschiedlich erfolgenden Destillationsschnitte schwanken die Eigenschaften der Öle. Ylang-Ylangöl Extra ist ein hellgelbes Öl (d_{15}^{15} 0,930 bis 0,947, n_D^{20} 1,491 bis 1,500, α_D —28,6 bis —57°) mit starkem, blumig-süßem Geruch mit kresylischer Spitze. Es enthält 52 bis 64% Alkohole und Ester (*Phenylalkohol*, *Benzylalkohol*, (−)-*Linalool*, *Geraniol*, *Nerol*, *Farnesol*, *Nerolidol*, α-*Terpineol*, *Cadinol*, *Methylbenzoat* und -*salicylat*, *Benzylsalicylat* und andere Ester der angeführten Alkohole), 0,1—0,2% Aldehyde und Ketone, 3% Phenole und Phenoläther (*p-Kresol*, *Eugenol*, *Isoeugenol*, *Methyleugenol*, *Safrol*, *p-Kresylmethyläther*), 22—38% Sesquiterpene (*Caryophyllen*, *Humulen*, γ-, δ- und ε-*Cadinen*, *Farnesen* u. a.), 0,3—0,6% Terpene (vor allem (+)-α-*Pinen*), *Methylanthranilat*.

Es wird in großen Mengen (über 20 jato) in hochwertigen Parfümölen, besonders blumiger und orientalischer Richtungen, eingesetzt, da es sich sehr gut mit anderen Ölen und synthetischen Riechstoffen verbindet. Es wird häufig verfälscht, vor allem mit den höher siedenden Fraktionen des Ylang-Ylangöls.

Ylang-Ylangöl III wird vorwiegend für die Seifenparfümierung verwendet, I und II für Kosmetika bzw. als Ylang-Ylangöl Complete mittlerer Qualität für die gleichen Zwecke.

Ylang-Ylang-Blütenöl wird auf den Komoren und Nossi-Bé durch Extraktion mit Petroläther als Konkret gewonnen und — vorwiegend in Frankreich — teilweise in das Absolut umgewandelt (Ausbeute ca. 80%). Das braungelbe bis dunkelgraue Konkret, das wachsige Kristalle ausscheidet, wird vorteilhaft zur Herstellung hochwertiger Seifenparfümöle (in denen die alkoholunlöslichen Anteile nicht stören) verwendet, da es schon in geringen Zusätzen eine blumige Fülle verleiht. Das absolute Blütenöl ist eine hellgelbe, viskose Flüssigkeit mit intensivem, blumig-süßem, vollem Geruch, die zur Komposition hochwertiger Extraitparfümöle fast aller Blumentypen benutzt wird.

Dem Ylang-Ylangöl ähnlich, aber etwas schlechter bewertet ist das vorwiegend auf Java durch Wasserdestillation der Blüten von *Cananga odorata* f. *macrophylla* gewonnene *Canangaöl* (Jahresproduktion ca. 20 t). Es wird nicht in Fraktionen unterteilt und in großem Umfang in der Seifenparfümerie verwendet. Es ist eine gelbe bis orange- oder grünlichgelbe, viskose Flüssigkeit (d_{15}^{15} 0,906 bis 0,950, n_D^{20} 1,495 bis 1,510, α_D −15 bis −55°) mit süßblumigem, balsamischem Geruch mit einer holzigen Ledernote, der schwerer wirkt als der des Ylang-Ylangösl.

2.2. Harze und Balsame

Die natürlichen *Harze* sind meist amorphe, feste oder halbfeste, gelbe, rote oder braune organische Stoffe, die unterkühlte Schmelzen darstellen und in reinem Zustand geruch- und geschmacklos sind. Außer Schellack, der von den Weibchen der ostasiatischen Stocklaus erzeugt wird, sind die Naturharze pflanzlichen Ursprungs.

Balsame sind dickflüssige Harze oder Lösungen von natürlichen Harzen in 15—30% ätherischen Ölen und werden als physiologische oder pathologische Produkte von Pflanzen ausgeschieden; zu ihnen gehören auch die nach Verwundung von Nadelhölzern ausfließenden Terpentine, die entweder klar und flüssig (Kanadabalsam, Lärchenterpentin) oder weiß und halbfest bis fest sind (Kiefern- und Fichtenterpentin). Die im Handel befindlichen Balsame werden häufig nach den Herkunftsländern benannt, so z. B. Peru- und Kanadabalsam. Der aromatische Geruch der Balsame rührt von den in ihnen enthaltenen ätherischen Ölen her, die an der Luft allmählich verdunsten und das harte, spröde, geruchlose Harz zurücklassen. Harze und Balsame sind unlöslich in Wasser, mehr oder weniger löslich in Alkohol (je älter, um so weniger), nur teilweise löslich in Kohlenwasserstoffen.

Nach ihrem Alter unterscheidet man *fossile Harze* (älteste Baumharze, die wahrscheinlich durch die Zerstörung großer Wälder entstanden sind und sich beim Erhitzen zersetzen; z. B. Bernstein), *rezentfossile Harze* (10 Jahre bis mehrere Jahrhunderte alt, z. B. die Kopale) und die durch Lebendharzung gewonnenen *rezenten Harze*.

Die Hauptmenge der (beim Erhitzen schmelzenden) rezenten Harze bilden die Balsamharze, die vorwiegend durch künstliche Verletzung von Nadelbäumen gewonnen werden (sekundärer Harzfluß als fäulniswidriger Wundverschluß). Aus Kiefern wird Terpentin durch fischgrätenartige Einschnitte (Choriner Verfahren; 6—10 Jahre Harzungsdauer bei ca. 1,5 kg Harz/Jahr), aus Fichten als Scharrharz (nach Schälen der Rinde) gewonnen. Durch Destillation des Rohbalsams mit Wasserdampf erhält man die Terpentinöle und als Rückstand nach dem Schmelzen das Kolophonium, das das bedeutendste Naturharz ist und u. a. als Lackrohstoff und zur Herstellung der Harzseifen dient. Die anderen Pflanzenharze wie Mastix, Sandarak sind demgegenüber unbedeutend. Im Gegensatz zu den gewöhnlichen Lackharzen wie Kolophonium bezeichnet man die wertvolleren auch als Edelharze.

Außer den verschiedenen Terpentinölen (s. S. 116) spielt noch das aus Gurjunbalsam gewonnene ätherische Öl eine Rolle in der Riechstoffindustrie. Einige Harze und Balsame werden in der Parfümerie in Form von Tinkturen (kaltextrahierte alkoholische Auszüge) eingesetzt, z. B. Siambenzoe, Tolubalsam, Perubalsam. Sie wirken stark fixierend. Die Naturharze bestehen meist aus komplexen Gemischen der zu den Diterpenen gehörenden Harzsäuren, -alkoholen und Phenolen, stark ungesättigten Resenen und Harzsäureestern. Kolophonium besteht z. B. vorwiegend aus 5 Diterpensäuren, von denen *Abietinsäure*, *Neoabietinsäure* und *Lävopimarsäure* die wichtigsten sind (s. S. 79).

Beim Erhitzen der Harze mit Kali- oder Natronlauge bilden sich Harzseifen, die u. a. als Zusatz zu Waschseifen, zum Leimen von Papier und zur Herstellung von Sikkativen (Trocknungsbeschleunigern) für Lacke dienen.

Näheres über Harze und Balsame s. bei W. SANDERMANN [23].

2.3. *Tierische Sekrete*

2.3.1. *Ambra*

Ambra ist ein pathologisches Stoffwechselprodukt des Pottwales. Die Ambrastücke werden im allgemeinen aus dem Körper ausgestoßen und schwimmen auf dem Meer; sie werden gelegentlich gefischt, besonders große Stücke erregen sogar in Zeitungen Aufmerksamkeit. Die Hauptmenge wird aus den erlegten Walen isoliert, wenn auch nur etwa 1% der Tiere Ambrastücke im Darm enthalten.

Im Handel unterscheidet man 4 Sorten: weiße, graue, dunkelgrau bis schwarze (mittelharte) und schwarze (weiche) Ambra. In den Stücken ist eine deutliche Schichtung zu unterscheiden. Am wertvollsten sind graue und weiße Ambra; diese riechen nicht fäkalisch, sondern angenehm animalisch-warm, weihrauchähnlich mit Meeresstrand-Note und feiner, sandelholzähnlicher, balsamischer, staubig-tabakartiger Tönung. Da Ambra außerdem außerordentlich fixierend wirkt, spielt sie (bzw. die syn-

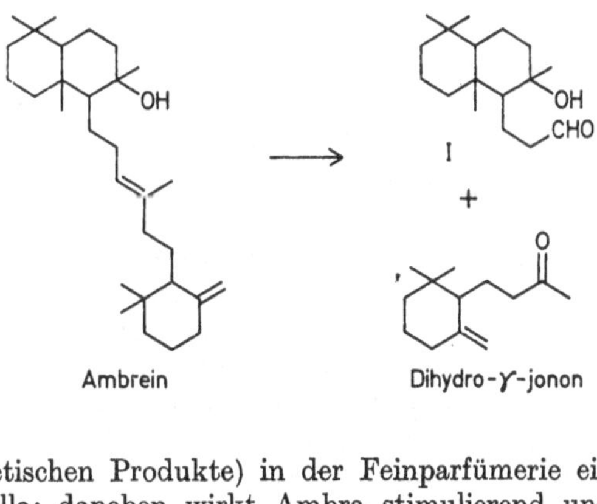

Ambrein Dihydro-γ-jonon

thetischen Produkte) in der Feinparfümerie eine große Rolle; daneben wirkt Ambra stimulierend und aphrodisierend.

Man verwendet Ambra als 3%ige Tinktur in 90%igem Äthanol, die nach einjähriger Lagerung ihren Duft voll entfaltet hat. Dieses „Reifen“ besteht in der Luftoxydation des geruchlosen *Ambreins* (zu 25–45% in der Ambra enthalten) zu stark riechenden Oxydationsprodukten, die an sich nur zu 0,1–0,5% in der Ambra enthalten sind.

Durch die Arbeitskreise um L. Ruzicka, E. Lederer und M. Stoll ist die Chemie der Geruchsträger der Ambra weitgehend aufgeklärt worden. Es wurden umfangreiche Arbeiten durchgeführt, um die Ambrariechstoffe bzw. ähnliche Riechstoffe vom Ambra-Typus synthetisch aufzubauen, die zu hervorragenden Nachahmungen führten, wie z. B. Grisambrol.

Eine der charakteristischsten Geruchsnoten der Ambra wird durch *γ-Dihydrojonon* hervorgerufen, das auch bei der Oxydation von *Ambrein* mit $KMnO_4$ entsteht und unter der Einwirkung von Säuren zu einem Gemisch der doppelbindungsisomeren *Ambrinole* cyclisiert wird, die evtl. ebenfalls in der Ambra vorkommen. *γ-Cyclohomo-*

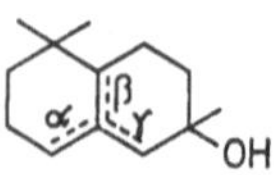

Ambrinol

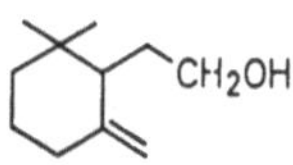

γ-Cyclohomo- geraniol

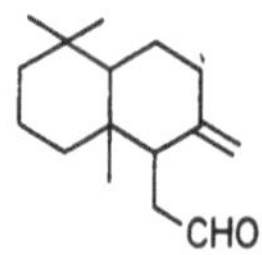

γ-Bicyclohomo- farnesal

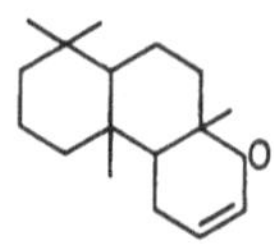

II

geraniol ist ebenfalls ein Riechstoff der Ambra. Vom Bicyclohomofarnesylteil des *Ambreins* leiten sich wesentliche Geruchsträger der Ambra ab, besonders die stark nach Ambra riechenden *γ-Bicyclohomofarnesal* und *-farnesol.* Zu den geruchsbestimmenden Bestandteilen gehören auch einige cyclische Äther, von denen z. B. II direkt aus I entstehen kann.

Von den monocyclischen Ambrariechstoffen werden heute vor allem *Dihydrojonon* (durch partielle Hydrierung von *γ-Jonon*) und seine Cyclisierungsprodukte (*Ambrinole*) sowie *γ-Cyclohomogeraniol* (aus *α-Jonon*) hergestellt. Die technisch verwerteten Synthesen der Bicyclen gehen von *Sclareol* (aus Muskateller Salbeiöl) und *Manool* aus (s. S. 80); aus *Sclareol* gewinnt man z. B. *γ-Bicyclohomofarnesal*.

Eine umfassende Übersicht über die Ambrariechstoffe gab kürzlich G. Ohloff [24].

2.3.2. *Moschus und Zibet*

Der echte Moschus ist ein stark riechendes Brunftsekret, das vorwiegend aus den am Bauch der männlichen Moschustiere befindlichen Moschusbeuteln gewonnen wird. Nach Eintritt der Geschlechtsreife dieser in den Hochgebirgen Tibets, Koreas und der Mongolei hasenähnlich lebenden, den Hirschen nahestehenden Tiere enthalten die Beutel ca. 30 g Moschus. Er wird seit Jahrtausenden in der chinesischen Parfümerie und auch sehr lange schon in unserer Feinparfümerie geschätzt, weshalb die Tiere sehr gejagt und fast ausgerottet wurden.

Zibet ist ein moschusartig riechendes Sekret der Zibetkatze (Indien und Afrika, besonders Äthiopien). Es wird von Männchen und Weibchen aus Doppeldrüsen in Afternähe zum Zweck der Geschlechtsanlockung ausgeschieden. Das in rohem Zustand übelriechende, salbenartige Produkt wird aus den Drüsen mittels eines Löffels entnommen und in Büffelhörnern aufbewahrt und verkauft.

Moschusriechstoffe werden auch von zahlreichen anderen Tieren zum gleichen Zweck erzeugt, so von Biber, Moschusratte, Stinktier, Dachs; diese spielen aber für die Parfümerie keine Rolle.

Moschus und Zibet werden in Form von Tinkturen zur Fixierung von Extraitparfüms und Cremeparfümölen verwendet, da sie neben einem – in Verdünnung – angenehmem Geruch außerordentliche Haftfestigkeit aufweisen und fixierend wirken.

Die eigentlichen Geruchsträger dieser Sekrete sind nur in kleinen Mengen enthalten und schwierig rein zu gewinnen. H. Walbaum [25] gelang die Isolierung des (–)-*Muscons* aus Moschus (1,2%), E. Sack [26] die des *Zibetons* aus Zibet (2,5–3%). L. Ruzicka und Mit-

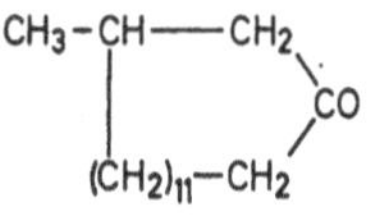

Muscon

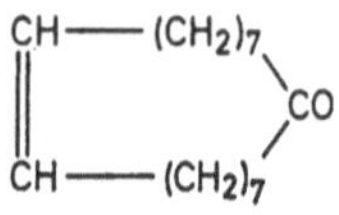

Zibeton

arbeitern [27] ist die Aufklärung ihrer Struktur und ihre Synthese zu verdanken. *Muscon* ist *3-Methylcyclopentadecanon-1*, *Zibeton* *cis-Cycloheptadecen-9-on-1*.

1927 konnte M. Kerschbaum [28] nachweisen, daß auch im Angelikawurzelöl und im Moschuskörneröl makrocyclische Verbindungen Träger des starken Moschusgeruchs sind, nämlich *Pentadecanolid* und *Ambrettolid*, deren Isolierung und Strukturaufklärung ihm gelang. Sie wurden von M. Stoll und L. Ruzicka [29] syntheti-

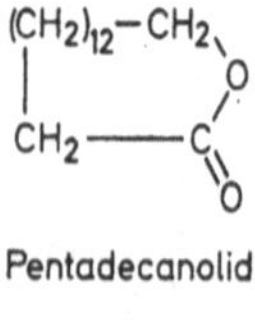

Pentadecanolid

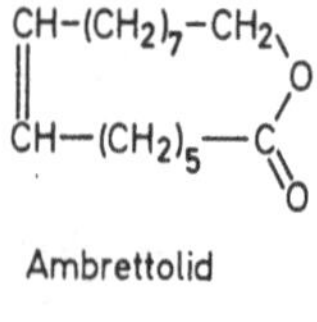

Ambrettolid

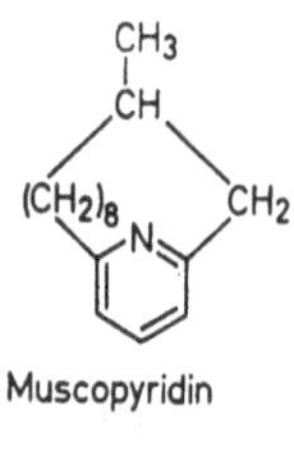

Muscopyridin

siert; das erstere ist als Syntheseprodukt (Exaltolid, Thibetolid, Muscolid) im Handel.

Die betont animalische Note des natürlichen Moschus wird durch (+)-*Muscopyridin* hervorgerufen. In der Moschusratte wurden *Dihydrozibeton* und das schon vorher als (synthetisches) *Exalton* im Handel befindliche *Cyclopentadecanon* gefunden [30].
Zur Synthese der makrocyclischen Moschusverbindungen und moschusähnlich riechender Verbindungen s. 3.2.17.

2.3.3. Castoreum

Beiderseits der Geschlechtsteile der Biber befinden sich Beutel mit einem Sekret (Bibergeil) von eigentümlichem, aromatischem, manchmal phenolisch-teerigem Geruch. Es enthält Harze, flüchtiges Öl, Spuren von Phenol und Salicin, eine wachsartige Verbindung (Castorin) sowie einige mineralische Bestandteile. Die frischen Beutel sind gelb und weich, nach dem Trocknen schwarzbraun und fest. Sie werden vorwiegend aus Kanada geliefert; sibirische sind seltener und wertvoller und riechen deutlich nach Juchten. Aus diesen Beuteln wird durch Extraktion das Castoreum gewonnen, eine salbenähnliche, konzentriert unangenehm riechende Masse. Verdünnt besitzt es einen aromatischen, haftenden Geruch und läßt sich — auch als alkoholische Tinktur — vorzüglich zur Fixierung von Sandel-, Chypre-, Ambra-, Juchten- und anderen Typen verwenden.

3. Einheitliche Riechstoffe

3.1. Allgemeines

Zu den „einheitlichen" Riechstoffen gehören die aus ätherischen Ölen, Blütenölen und Resinoiden isolierten (Isolate, z. B. *Geraniol, Linalool, Citral*) und umgearbeiteten Riechstoffe (z. B. die *Jonone*, *Linalylacetat*), deren Syntheseprodukte sowie die synthetischen Riechstoffe ohne natürliches Vorbild (wie *aromatische Moschusriechstoffe*, *α-Amylzimtaldehyd*). Sie sind meist keine reinen Verbindungen, sondern enthalten stets eine oder mehrere Nebenkomponenten in geringeren, je nach Isolierungs- oder Herstellungsart wechselnden Mengen.

Wenn auch im Laboratorium zur *Isolierung* von Naturstoffen und bei der Untersuchung ätherischer Öle usw. neben der fraktionierten Destillation mehrere moderne, hochleistungsfähige Methoden — vor allem Säulen- und Gaschromatographie — angewendet werden, so spielen bei der technischen Gewinnung relativ einheitlicher Riechstoffe fast ausschließlich die Vakuumdestillation an möglichst wirksamen Kolonnen sowie — in geringerem Maße — die Kristallisation die entscheidende Rolle.

Selbstverständlich geht man zwecks rationeller Gewinnung von möglichst preisgünstigen Ölen mit hohem Gehalt an der gewünschten Verbindung aus. So lassen sich leicht aus Lemongrasöl *Citral*, aus Nelkenöl *Eugenol*, aus Rosenholzöl *Linalool*, aus Palmarosaöl *Geraniol* gewinnen. Je größer die Mengen der anwesenden Nebenbestandteile sind, um so mehr wirkt sich natürlich ihre nutzbringende Verwendung auf die Kalkulation des Hauptproduktes und damit auf die Konkurrenzfähigkeit aus. Für den Riechstoffhersteller lohnt sich deshalb eine angeschlossene Parfümerie, die diese Nebenprodukte z. B. für billigere Parfümöle für Waschpulver, Bohnerwachs usw. noch gewinnbringend verwerten kann.

Die Empfindlichkeit der Pflanzeninhaltsstoffe gegen Hitze, Säuren, Laugen und Sauerstoff erfordert bei der technischen Isolierung besondere Sorgfalt. Entscheidend ist das Destillieren bei bestmöglichem Vakuum; wenn auch Laborverhältnisse nie erreicht werden, so sollten 5—8 mm Hg nicht überschritten werden. Besondes muß Überhitzen der Destillationsblase vermieden werden, da hierdurch Verharzung, Dehydratisierung usw. erleichtert werden und die geruchliche Qualität der destillierten Produkte herabgesetzt wird.

Neben dem direkten Einsatz in Riechstoffmischungen spielen viele Isolate eine wichtige Rolle für Riechstoffsynthesen, so z. B. die *Pinene*, *Citral*, *Linalool*.

Obwohl der Begriff „*Synthese*" auch auf dem Riechstoffgebiet längst nicht mehr mit „Ersatz" oder „unnatürlich" gleichgesetzt wird, so sind die besten und wertvollsten Komponenten für die Herstellung von Parfümölen — vor allem für Extraitparfüms, bei denen es auf besonders feinen Geruch ankommt — nach wie vor die natürlichen Riechstoffe — ätherische Öle, Blütenöle, Resinoide, tierische Sekrete. Deren geruchsbestimmende Bestandteile sind häufig so kompliziert aufgebaut, daß ihre Synthese unrationell wäre; andererseits sind viele, für den Gesamtgeruch wesentliche Spurenkomponenten noch gar nicht bekannt, was allerdings angesichts der Fortschritte in den letzten Jahren in Kürze schon anders sein wird.

Die Synthese von Riechstoffen ist aus verschiedenen Gründen sehr wichtig, denn trotz der Vorteile der natürlichen Riechstoffe sind mit ihnen doch auch schwerwiegende Nachteile verbunden:

- Die Qualität der ätherischen Öle und Extrakte hängt stark vom Anbaugebiet, von der Gewinnungsweise, den Witterungs-, Lagerungs- und Transportbedingungen ab. Synthetische Riechstoffe können dagegen — ordnungsgemäße Produktion vorausgesetzt — in gleichbleibender Qualität hergestellt werden.
- Da die Ausbeuten von den jeweiligen Witterungsbedingungen abhängen, verknappen die ätherischen Öle und Extrakte oft und unterliegen dadurch z. T. großen Preisschwankungen und Spekulationen, die häufig durch handelspolitische Maßnahmen noch verstärkt werden. Synthetische Riechstoffe sind dagegen relativ preisstabil, sie werden höchstens durch Überproduktion, Rationalisierungsmaßnahmen usw. billiger.

- Der Anbau derölliefernden Pflanzen ist je nach ihrer Art aus klimatischen Gründen auf wenige Länder beschränkt. Das erfordert zum Ankauf der Produkte beträchtliche Mengen an Devisen — ein Umstand, den viele Abnehmer vermeiden möchten bzw. der entsprechende Gegenlieferungen erfordert.
- Die Anbauflächen müssen z. T. zugunsten der Ernährung dienender landwirtschaftlicher Produkte verringert werden.
- Die starke Konkurrenz der Riechstoffabriken, Parfümhersteller, Kosmetikbetriebe usw. zwingt einerseits zum Einsatz billigerer, andererseits auch neuer, noch unbekannter Riechstoffe, um durch preisgünstige bzw. neuartige Riechstoffmischungen neue Absatzmöglichkeiten zu schaffen.

Alle Riechstoffproduzenten sind daher bestrebt, laufend neue Riechstoffe mit neuen Vorzügen zu möglichst tiefen Gestehungskosten zu synthetisieren; wirklich neue Geruchsrichtungen werden nur selten verwirklicht. Die neuen Riechstoffe werden zunächst meist in Form höheren Gewinn bringender Parfümöle verkauft, was zugleich ihre Erkennung und Nacharbeitung erschwert.

Da man heute noch keine sicheren Voraussagen über den zu erwartenden Geruch machen kann, werden zahllose Verbindungen synthetisiert, wobei man durch lange Erfahrungen und gründlichstes Verfolgen der Veröffentlichungen gewonnene Erkenntnisse über den Zusammenhang zwischen Struktur und Geruch als Richtschnur nimmt, und testet sie auf ihre geruchliche und praktische Eignung. Nur wenige der gewonnenen Verbindungen halten allen Prüfungen stand; meist muß man Kompromisse schließen, z. B. um einen geruchlich hervorragenden Stoff trotz geringerer Beständigkeit herzustellen oder um einen geruchlich nicht so überragenden Stoff wegen leichter Zugänglichkeit doch nicht zu verwerfen usw.

3.2. *Spezielle einheitliche Riechstoffe*

Im folgenden werden einige einheitliche Riechstoffe bzw. Klassen einheitlicher Riechstoffe näher beschrieben.

3.2.1. *Acyclische Terpenalkohole und -aldehyde*

Die zu den Monoterpenen gehörenden Grundriechstoffe *Geraniol*, *Linalool*, *Citronellol*, *Citral* und *Citronellal* werden in großen Mengen in der Parfümerie eingesetzt bzw. in andere Riechstoffe umgewandelt. Sie wurden bis vor wenigen Jahren ausschließlich aus ätherischen Ölen gewonnen: *Geraniol* aus Palmarosaöl und (weniger rein) aus Citronellöl, *Linalool* aus Rosenholzöl (Linaloeöl), Shiuöl und Corianderöl, *Citronellal* aus Citronellöl, *Citral* aus Lemongrasöl, Öl von Litsea cubeba (und durch Oxydation von *Linalool*), *Citronellol* meist durch Reduktion von *Citronellal* bzw. *Geraniol*.

In den letzten Jahren sind technische Verfahren entwickelt worden, nach denen diese Riechstoffe entweder aus *Acetylen* oder aus den billigen *Pinenen* (aus Terpentinölen) synthetisiert werden.

Aus dem im amerikanischen Terpentinöl in großen Mengen enthaltenen *β-Pinen* wird durch Pyrolyse bei 600 bis 700° (Verweilzeit im Reaktor 0,01—0,1 Sek.) in ca. 85%iger Ausbeute *Myrcen* gewonnen, das über die Hydrochloride und Acetate in die Alkohole übergeführt wird:

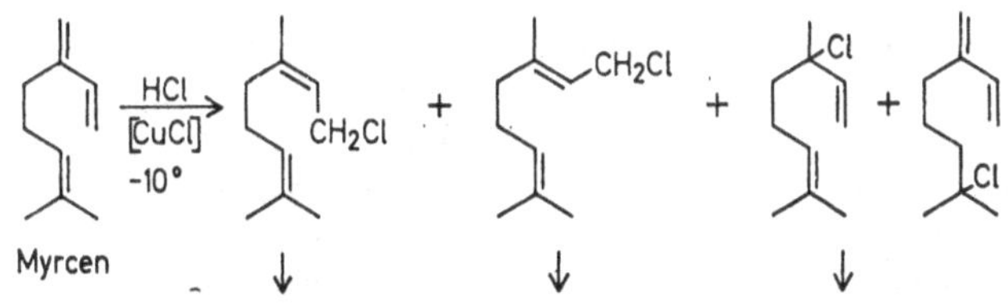

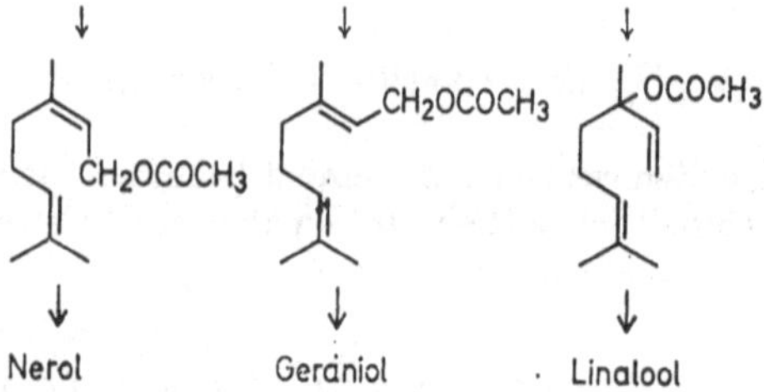

Leider sind die anderen Terpentinöle wesentlich ärmer an *β-Pinen* (s. S. 117), so daß sich eine destillative Auftrennung kaum lohnt. Kürzlich sind jedoch Verfahren bekannt geworden, nach denen man *α-Pinen* im technischen Maßstab zu *β-Pinen* isomerisieren kann.

Die von *Acetylen* und *Isopren* ausgehenden Synthesen verlaufen im allgemeinen über folgende Stufen:

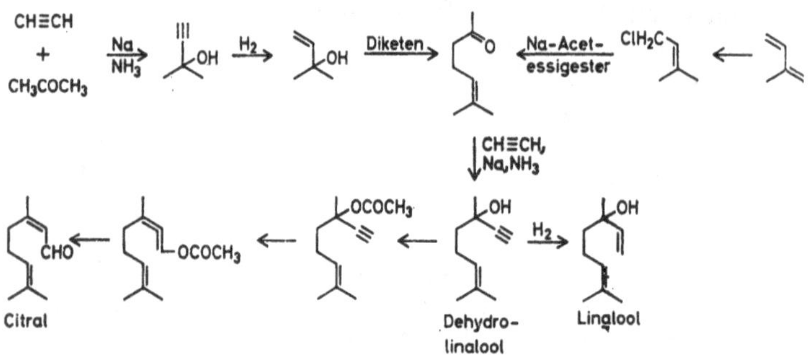

Citral wird synthetisch meist durch katalytische Dehydrierung des aus *Myrcen* hergestellten *Geraniol-Nerol*-Gemischs bzw. aus *Dehydrolinalylacetat* gewonnen, das in Gegenwart von Katalysatoren zum *Allenacetat des Citrals* umgelagert und dann verseift wird. Aus Lemongrasöl wird es entweder durch Destillation als 90–92%iges bzw. nach vorhergehender Abscheidung als Bisulfitaddukt als 98%iges Produkt isoliert. *Citral* dient vorwiegend zur Herstellung der *Jonone* (s. S. 146) und des *Vitamins A*.

Zu *Citronellol* kommt man aus α- oder *β-Pinen* nach deren Hydrierung zu *cis-Pinan:*

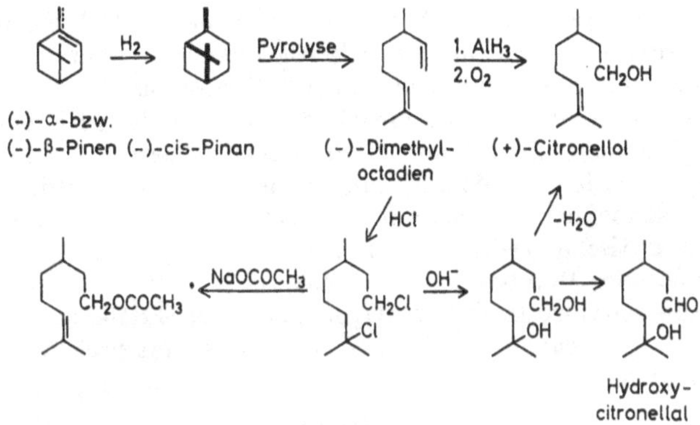

Direkte Pyrolyse des *α-Pinens* führt zu *Alloocimen*, aus dem über das Epoxid *sekundäres Citronellol* (*Elgenol*) hergestellt werden kann.

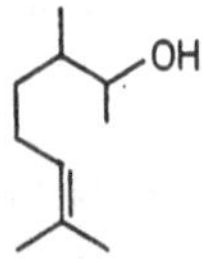

Elgenol

Linalool wird außer als solches vorwiegend zur Herstellung des angenehm frisch und lavendelartig riechenden *Linalylacetats* und anderer Ester, von *Citral* und dem rosenartig riechenden *Geranylaceton* verwendet. Bei der Veresterung von *Linalool* muß man — wie bei allen tertiären Alkoholen — wegen der Dehydratisierungstendenz besondere Bedingungen einhalten.

Geraniol wird vorwiegend als solches eingesetzt, z. T. auch in Ester wie *Geranylacetat* und *-isobutyrat* übergeführt.

3.2.2. Aliphatische Aldehyde

Die geradkettigen Aldehyde mit 8 bis 12 C-Atomen werden in der Parfümerie vielseitig eingesetzt, wenn auch jeweils nur in kleinen Anteilen (von Spuren bis etwa 1%), besonders — neben Agrumenölen — zur Erzielung frischer Spitzennoten. Sie kommen in einigen ätherischen Ölen vor, werden für den Einsatz in der Parfümerie jedoch ausschließlich synthetisch hergestellt, vor allem durch katalytische Dehydrierung der entsprechenden Alkohole oder Pyrolyse der Carbonsäuren in Gegenwart von Ameisensäure an TiO_2, MnO_2 o. ä. bzw. der Erdalkalisalze. Ihre Gerüche unterscheiden sich charakteristisch voneinander:

	Geruch:
Aldehyd C 8 (Octanal)	stark, scharf; in Verdünnung citronenähnlich
Aldehyd C 9 (Nonanal)	fettig-rosig, mit Tangerinennote
Aldehyd C 10 (Decanal)	blumig-würzig, orangenähnlich
Aldehyd C 11 (Undecanal)	stark, anhaltend, rosig
Aldehyd C 12 (Dodecanal, Laurinaldehyd)	konzentriert fettig, durchdringend, unangenehm; in Verdünnung nach Veilchenblättern

Die *Aldehyde C 7* und *C 13* bis *C 16* sind weniger interessant und werden nur gelegentlich eingesetzt.

Der mit *Aldehyd C 12* isomere *Methylnonylacetaldehyd* riecht citronen-orangenähnlich mit Ambranote und wird aus Methylnonylketon (aus Rautenöl) durch DARZENS-Reaktion hergestellt.

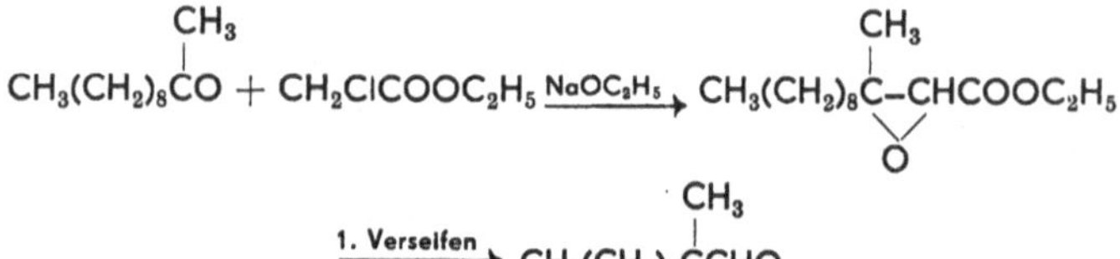

Ein weiterer wichtiger Riechstoff ist *Undecylenaldehyd* $CH_2{=}CH(CH_2)_8CHO$, der mit seinem fettig-grünen Geruch manchem berühmten Parfüm zu seiner besonderen Note verholfen hat; er wird aus Undecylensäure hergestellt, die man durch Spaltung von Rizinusöl gewinnt. *Methylnonylacetaldehyd* und *Undecylenaldehyd* kommen nicht in ätherischen Ölen vor.

Beim Einsatz der Aldehyde muß ihre Alkali- und Luftempfindlichkeit beachtet werden.

Die „*sogenannten*" *Aldehyde C 14, C 16, C 18* usw. sind keine Aldehyde; sie besitzen charakteristische Fruchtgerüche:

Aldehyd C 14 sogen. (Pfirsichaldehyd):	γ-Undecalacton
Aldehyd C 16 sogen. (Erdbeeraldehyd):	Methylphenylglycidsäureäthylester
Aldehyd C 18 sogen. (Kokosaldehyd):	γ-Nonalacton.

3.2.3. α-Amylzimtaldehyd

α-Amylzimtaldehyd ist eine gelbliche Flüssigkeit (Sdp.$_{10}$ 153–154°, d_4^{15} 0,9715, n_D^{20} 1,5552) mit kräftigem, blumigem Geruch, der in Verdünnung jasminartig wird. Der im Handel auch als Flosal bezeichnete Aldehyd wird durch Kondensation von Benzaldehyd mit n-Heptanal (Önanthaldehyd, Önanthol) in großen Mengen hergestellt und vorwiegend in Seifenparfümölen eingesetzt.

3.2.4. Anthranilsäuremethylester

Dieser bildet große, flächenreiche Kristalle (Schmp. 24 bis 25°, Sdp.$_{14}$ 143°, d_4^{26} 1,168, n_D^{20} 1,5843), die – auch in Lösung – prachtvoll blau fluoreszieren; das Handelsprodukt ist meist flüssig. Der orangenblütenartige Geruch des Esters tritt erst in Verdünnung auf. *Methylanthranilat* kommt in zahlreichen ätherischen Ölen — besonders Schalen-, Blätter- und Blütenölen der Agrumen — in kleinen Mengen vor. Obwohl es sich — bedingt durch die freie Aminogruppe — leicht verfärbt und mit Aldehyden dunkel gefärbte SCHIFFsche Basen bildet, wird es in großem Umfang — allerdings jeweils nur in kleinen Mengen — in Parfümkompositionen für Seifen und Kosmetika und auch für Citrusaromen verwendet.

Methylanthranilat wird durch Veresterung der u. a. aus Naphthalin über Phthalsäureanhydrid und Phthalimid zugänglichen Anthranilsäure mit Methanol in Gegenwart von HCl oder anderen Mineralsäuren hergestellt und anschließend zwecks Geruchseinheit sorgfältig durch Destillation und Kristallisation gereinigt.

In der Parfümerie werden auch andere Anthranilate verwendet, so *N-Methylanthranilsäuremethylester*, *Geranyl-* und *Phenyläthylanthranilat*. Auch SCHIFFsche Basen spielen eine Rolle, wie das Kondensationsprodukt aus *Methylanthranilat* und *Hydroxycitronellal* (Orangeol, Aurantiol); sie werden durch vorsichtiges Erhitzen molarer Mengen der Komponenten auf 65° hergestellt.

3.2.5. Benzylverbindungen

Zu den in größten Mengen eingesetzten Riechstoffen zählen *Benzylalkohol* und *Benzylacetat* (daneben auch andere Ester wie Formiat, Salicylat) sowie *Benzaldehyd*, der allerdings meist zu anderen Riechstoffen weiterverarbeitet wird (z. B. zu α-Amylzimtaldehyd, Benzylbenzoat, Zimtaldehyd). Sie sind in ätherischen Ölen weitverbreitet, spielen aber nur als Syntheseprodukte eine Rolle. Rohstoff für alle Synthesen sind Benzol oder Toluol, die über folgende Stufen umgewandelt werden:

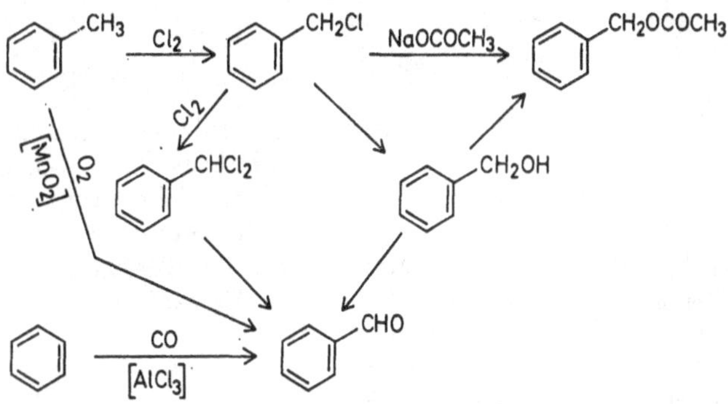

Bekanntlich wird *Benzaldehyd* durch Luftsauerstoff schnell zu *Benzoesäure* oxydiert, die sich beim Aufbewahren des (flüssigen) Aldehyds in nur teilweise gefüllten Flaschen bald in Kristallmassen abscheidet. Er ist Hauptbestandteil des natürlichen Bittermandelöls und wird daher auch zu dessen Nachbildung verwendet. Für Genußzwecke ist Chlorfreiheit Voraussetzung, was wegen z. T. erfolgender Kernchlorierung bei der Herstellung des Benzalchlorids nicht ohne weiteres gegeben ist; für diese Zwecke ist der direkt aus Toluol oder aus Benzylalkohol gewonnene geeigneter.

Benzylalkohol ist eine farblose, ölige, schwach riechende Flüssigkeit (Sdp.$_{760}$ 205,8°, d_{15}^{15} 1,050, n_D^{20} 1,5403), die hauptsächlich als Lösungsmittel dient; besonders hervorzuheben ist seine gute Losungskraft für die Nitromoschusverbindungen. Wichtig ist die Vermeidung mandeliger Nebengerüche, d. h. möglichst weitgehende Freiheit des eingesetzten Benzylchlorids von Benzalchlorid.

Benzylacetat ist eine bewegliche Flüssigkeit (Sdp.$_{760}$ 216°, $d_4^{17,8}$ 1,058, n_D^{20} 1,5029) mit erfrischendem, fruchtigblumigem, jasminähnlichem Geruch und wird in großen Mengen für blumige Parfümöle eingesetzt; da es auch in verdünntem Alkohol löslich ist, eignet es sich auch für Parfümerien niedrigen Alkoholgehalts.

3.2.6. *Blätteralkohol*

Das vor allem in den Blättern vieler Pflanzen vorkommende und daher *Blätteralkohol* benannte *cis-Hexen-3-ol-1* ist eine farblose, in Verdünnung nach frischem Gras und grünen Blättern riechende Flüssigkeit (Sdp. 154—157° d_4^{20} 0,8495, n_D^{20} 1,4380) und ein wertvoller Riechstoff zur Erzeugung von grünen Spitzennoten. Es wird am besten auf folgendem Weg hergestellt:

$$CH_3CH_2J + NaC{\equiv}CH \longrightarrow CH_3CH_2C{\equiv}CH \longrightarrow CH_3CH_2C{\equiv}CNa$$

$$\xrightarrow[\text{oxid}]{\text{Äthylen-}} CH_3CH_2C{\equiv}CCH_2CH_2OH \xrightarrow[H_2]{Pd} \begin{array}{l} H{-}CCH_2CH_3 \\ \quad \| \\ H{-}CCH_2CH_2OH \end{array}$$

Von *cis-Hexen-3-ol-1* geht eine wirtschaftliche Synthese (75% Ausbeute) des *Veilchenblätteraldehyds* (2_{trans}, 6_{cis}-*Nonadienal*) aus; man führt den Alkohol in sein Chlorid über und setzt dessen GRIGNARD-Verbindung mit 1-[N-Methylanilino]-propen-1-al-3 um.

3.2.7. *Bornyl- und Isobornylacetat*

Während *Bornylacetat* ein charakteristischer Bestandteil der meisten Nadelöle der Coniferen ist und auch in vielen anderen ätherischen Öle vorkommt, ist *Isobornylacetat* nur synthetisch zugänglich, und zwar sehr leicht aus Camphen und Eisessig in Gegenwart von Schwefelsäure:

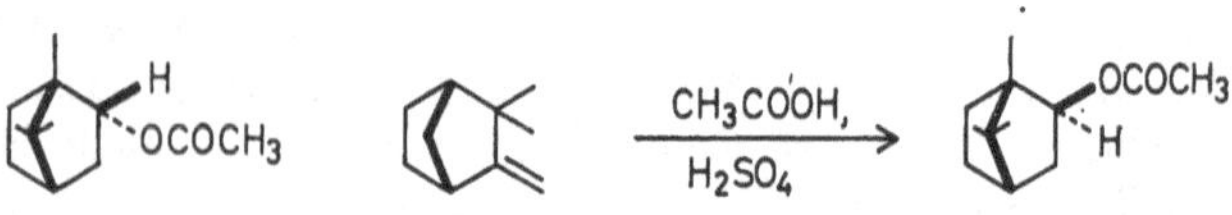

Bornylacetat Camphen Isobornylacetat

Optisch aktives *Bornylacetat* bildet Kristalle (Schmp. 28–29°) mit frischem Tannennadelgeruch; die dl-Form ist flüssig. Das ebenfalls flüssige *Isobornylacetat* (Sdp.$_{15}$ 104–107°, d_4^{30} 0,9739, n_D^{30} 1,4538) riecht etwas camphriger als das *endo*-Isomere.

Beide Acetate werden in großen Mengen für Fichtennadelkompositionen für Badepräparate, Inhalationsmittel, Raumsprays und Seifen sowie zur Aromatisierung von Hustenbonbons, medizinischen Präparaten u. a. verwendet.

3.2.8. 4-tert.-Butylcyclohexylacetat

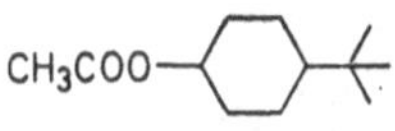

Dieser aus p-tert.-Butylphenol durch katalytische Hydrierung und Acetylierung des entstandenen 4-tert.-Butylcyclohexanols hergestellte Ester (Sdp.$_5$ 100–105°, d_4^{20} 0,9359, n_D^{20} 1,4507) besitzt einen angenehmen, methyljononähnlichen Geruch und wird in größeren Mengen für Seifenparfüms verwendet; es ist als Vertenex, Oryclon u. a. im Handel. Den feineren und stärkeren Geruch hat die *cis*-Form; man erhält sie überwiegend, wenn man als Hydrierungskatalysatoren Rhodium oder Palladium verwendet oder wenn man die *trans*-Form in Gegenwart von Katalysatoren umlagert und die niedriger siedende *cis*-Form laufend abdestilliert.

3.2.9. Cumarin

Cumarin ist in zahlreichen Pflanzen und ätherischen Ölen enthalten, z. B. in Tonkabohnen. Es ist die Grundverbindung einer großen Klasse von Pflanzeninhaltsstoffen, der *Cumarine* und *Furocumarine*. Es bildet farblose, glänzende Blättchen oder rhombische Säulen (Schmp. 69–70°) mit angenehmem, gewürzhaftem Geruch und bitterem Geschmack; in sehr starker Verdünnung riecht es nach frischem Heu und Waldmeister. Das Syntheseprodukt wird in großen Mengen in der Seifen- und Feinparfümerie verwendet, in neuerer Zeit auch zur Geruchsmaskierung von Haushaltartikeln aus Plasten, Gummi u. ä. Während es früher u. a. auch als Vanilleersatz verbraucht wurde, ist es heute zur Aromatisierung von Nahrungs- und Genußmitteln nicht mehr zugelassen.

Cumarin wird entweder nach der — unterschiedlich modifizierten — PERKINschen Synthese aus Salicylaldehyd und Essigsäureanhydrid oder — heute vorwiegend — nach den RASCHIGschen Verfahren hergestellt. Man chloriert

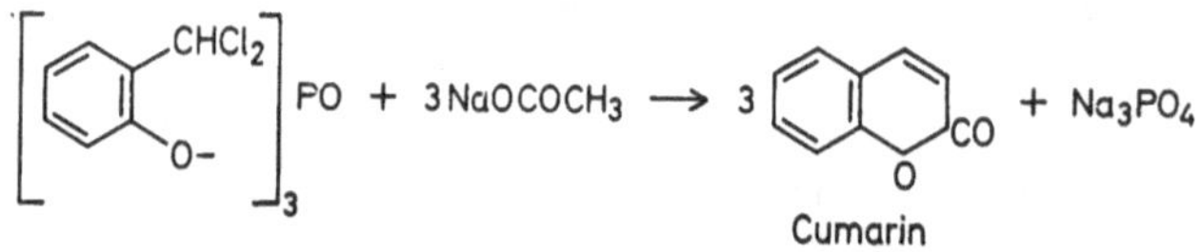

Tri-o-kresylphosphat oder Di-o-kresylcarbonat (aus o-Kresol und Phosgen) zu Tri-o-dichlormethylphosphat bzw. Di-o-dichlormethylcarbonat und kondensiert diese mit Natriumacetat und Essigsäureanhydrid in Gegenwart von Bi_2O_3, ZnO oder CoO.

Beim Stehen an der Luft dimerisiert sich *Cumarin* zu *Dicumarin* (Schmp. 262°). Starke Laugen hydrolysieren zum entsprechenden Alkalisalz der *Cumarinsäure*; beim Ansäuern der Lösungen wird sofort *Cumarin* zurückgebildet. Beim Kochen der alkalischen Lösungen lagert sich das Alkalisalz der *Cumarinsäure* (*cis*-Form) in das der *Cumarsäure* (*trans*-Form) um, die beim Ansäuern nicht sofort laktonisiert:

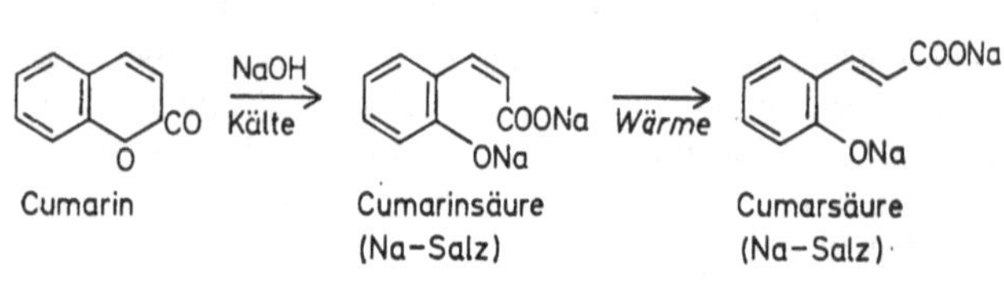

3.2.10. *Cyclamenaldehyd*

Der auch als *Cyclamal* bezeichnete *α-Methyl-β-[p-isopropylphenyl]-propionaldehyd* ist ein in der Natur nicht vorkommender Riechstoff mit alpenveilchenähnlichem Geruch, der vor allem für blumige Typen verwendet wird und alkalibeständig ist. Die Herstellung erfolgt vorwiegend durch Kondensation von Cuminaldehyd mit Pro-

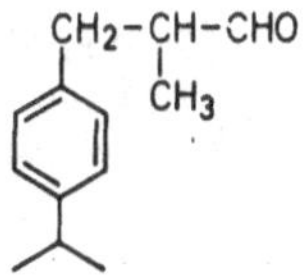

Cyclamal

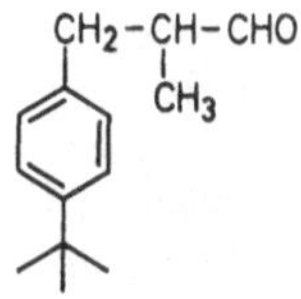

Lilial

pionaldehyd und nachfolgende Partialhydrierung bzw. Hydrierung bis zum Cyclamenalkohol und anschließende Dehydrierung zum *Cyclamenaldehyd* (Sdp.$_9$ 127°, d_{25}^{25} 0,950, n_D^{20} 1,509).

Das entsprechende tert.-Butylderivat (*Lilial*) ist noch stabiler und hat einen milderen Geruch.

3.2.11. *Diphenyläther*

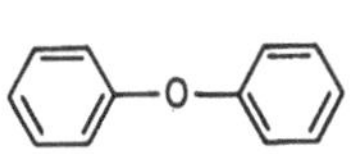

Diphenyläther (*Diphenyloxid*) ist eine farblose, etwas rosig-geraniumähnlich, aber grob riechende, bei Zimmertemperatur bzw. etwas darunter erstarrende Flüssigkeit (Schmp. 26,7°, d_{25}^{25} 1,073, n_D^{25} 1,5785), die in großen Mengen für billigere Seifenparfümöle verwendet wird. Er wird durch Erhitzen von Natriumphenolat mit Chlorbenzol in Gegenwart eines Kupferbronzekatalysators hergestellt.

Milder riecht *Methyldiphenyläther* (*o-Methoxydiphenyl*), der sich besser verarbeiten läßt.

3.2.12. Eugenolderivate

In Riechstoffkompositionen werden zur Erzielung würziger Noten — besonders für Nelkentypen — zahlreiche Abkömmlinge des *Eugenols* eingesetzt, vor allem *Eugenol* und *Isoeugenol*, *Eugenolmethyläther* (*Methyleugenol*), *Isoeugenolmethyläther* (*Methylisoeugenol*) und *Isoeugenolbenzyläther* (*Benzylisoeugenol*). Die Äther sind beständiger und verfärben Seifen weniger, riechen aber weniger stark.

Ausgangsprodukt für diese Riechstoffe ist das in vielen ätherischen Ölen vorkommende *Eugenol* (Sdp.$_5$ 111°, d_4^{20} 1,0674, n_D^{20} 1,54117), das vorwiegend aus Gewürznelkenöl (80—95% *Eugenol*), Zimtblätteröl und aus dem Öl von *Ocimum gratissimum* gewonnen wird. *Isoeugenol* (Sdp.$_5$ 115°, d_4^{20} 1,0837, n_D^{20} 1,57102) erhält man aus diesem durch alkalische Isomerisierung.

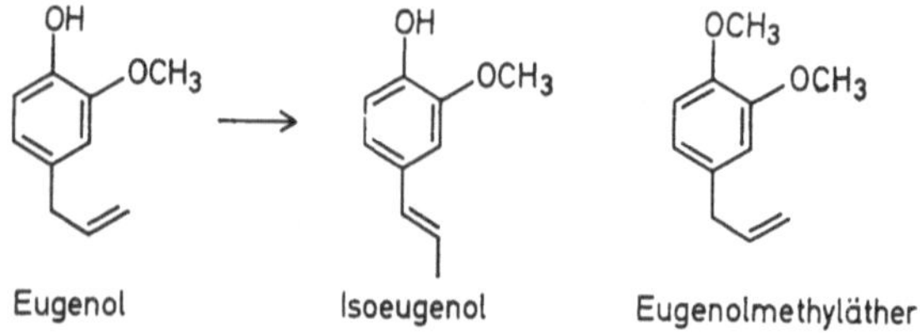

Das als Aroma bedeutende Vanillin wird als Riechstoff nur in geringem Umfang verwendet, ebenfalls das homologe Äthylvanillin. Vanillin (Schmp. 82—83°) gewinnt man entweder durch oxydative Spaltung des Isoeugenols, aus Guajacol oder aus den Sulfitablaugen der Zellstoffabrikation (Lignin).

3.2.13. Heliotropin

Heliotropin (*Piperonal*) kommt nur in wenigen ätherischen Ölen vor. Wegen seines warmen, blumig-würzig-süßen Geruchs wird es häufig verwendet, vor allem für blumige Typen wie Flieder, Veilchen und Heliotrop. Es bildet farblose Kristalle (Schmp. 37°, Sdp.$_{760}$ 263, Sdp.$_{10}$ 135°) und wird durch vorsichtige Oxydation des durch alkalische Isomerisierung von *Safrol* (aus Sassafras- oder Campheröl) erhältlichen *Isosafrols* mit $K_2Cr_2O_7/H_2SO_4$ in Gegenwart von wenig Sulfanilsäure – in letzter Zeit auch durch Ozonisierung – hergestellt (früher aus dem Alkaloid *Piperin* des schwarzen Pfeffers):

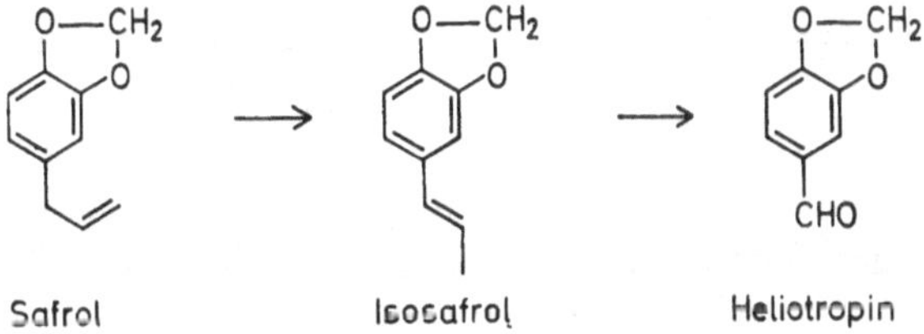

Safrol Isosafrol Heliotropin

Die Totalsynthese aus *Brenzcatechin* über dessen Methylenäther, der entweder chlormethyliert und dann nach SOMMELET in den Aldehyd übergeführt oder direkt der GATTERMANN-KOCH-Aldehydsynthese unterworfen wird, kann praktisch nocht nicht mit dem Safrolabbau konkurrieren.

3.2.14. *Hydroxycitronellal*

Das kurz als *Hydroxycitronellal* bezeichnete *3,7-Dimethyl-7-hydroxyoctanal-1* ist ein bedeutender Riechstoff, mit dem man den Maiglöckchengeruch treffend nachbilden kann, der aber auch in anderen Blumentypen eine große Rolle spielt, da es diesen Fülle und Natürlichkeit verleiht.

Zur Herstellung guten *Hydroxycitronellals* gehört einiges Geschick. Gewöhnlich wird zunächst unterhalb 10° das Bisulfitaddukt des *Citronellals* hergestellt, das dann durch Eintragen in gepulverter Form in 40–60%ige Schwefelsäure bei –5 bis 0° hydratisiert wird, was bis zu 12 Stunden erfordert. Danach wird durch Sodalösung oder Natronlauge das Bisulfitaddukt gespalten und das freigesetzte *Hydroxycitronellal* extrahiert und destilliert ($Sdp._{0,2}$ 91°).

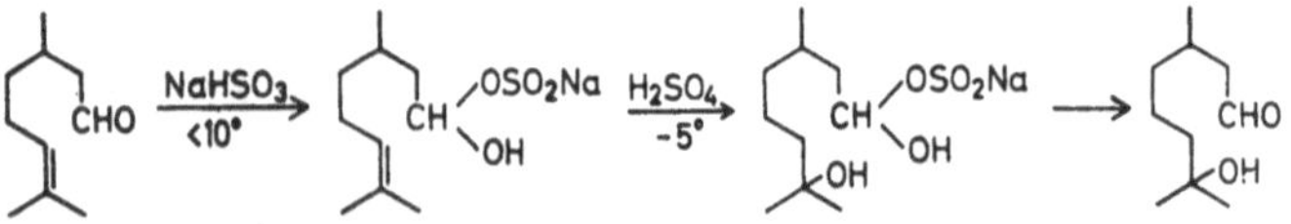

Neuere Verfahren gehen direkt von *β-Pinen* über *Myrcen* bzw. *Dimethyloctadien* aus (vgl. S. 133).

Da der Aldehyd empfindlich gegen Sauerstoff und Alkalien ist – in Mischung mit Alkoholen ist er relativ stabil – wird er z. T. in Form seines *Dimethylacetals* verwendet, das etwas schwächer riecht, aber beständiger ist. Der Wert des *Hydroxycitronellals* hängt in großem Maße von der Abwesenheit von Verunreinigungen (Kohlenwasserstoffen, Citronellal und Isopulegol) ab, die geruchlich leicht festzustellen sind.

3.2.15. Jasminriechstoffe

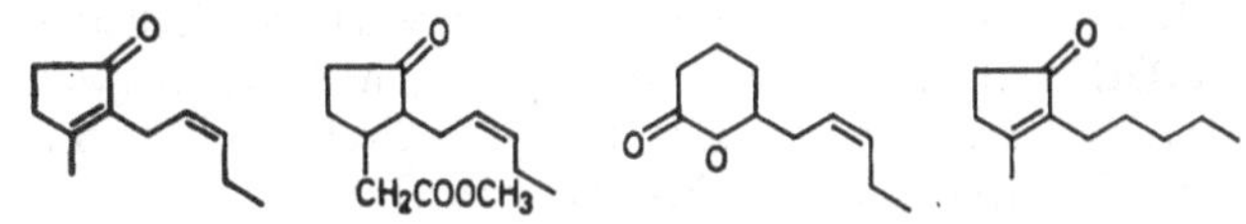

cis-Jasmon — Methyljasmonat — Jasminlacton — Dihydrojasmon

cis-Jasmon, *Methyljasmonat* und *Jasminlacton* sind die bisher bekannten geruchsbestimmenden Inhaltsstoffe des absoluten und konkreten Jasminöls. Man bemüht sich seit langem, seine Inhaltsstoffe bzw. geruchlich nahekommende Ersatzprodukte zu synthetisieren. Während bis vor wenigen Jahren *cis-Jasmon* technisch nicht herstellbar war, sind mehrere Verfahren für die Gewinnung von *Dihydrojasmon* und ähnlich gebaute Ketone beschrieben worden, die sich zum Aufbau von Jasminbasen eignen, z. B. *2-n-Heptylcyclopentanon-1*. Verbindungen dieser Struktur mit 11 C-Atomen haben den stärksten Jasmingeruch.

1966 wurde eine technisch nutzbare Synthese für *cis-Jasmon* beschrieben, die vom 2-Methylfuran ausgeht und 45% Ausbeute ergibt:

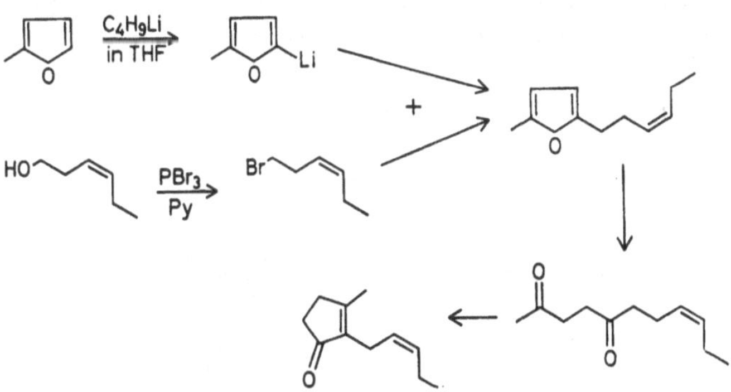

3.2.16. *Jonone und Irone*

Kondensiert man *Citral* in Gegenwart von Alkalien (NaOH, KOH, Na_2O_2, $NaOC_2H_5$, $NaOCH_3$, Na_2SO_3, $Ba(OH)_2$, Natriumphenolat u. a.) mit *Aceton*, so entsteht in bis 80%iger Ausbeute *Pseudojonon*. Durch dessen Cyclisierung in Gegenwart von Säuren erhält man Gemische aus

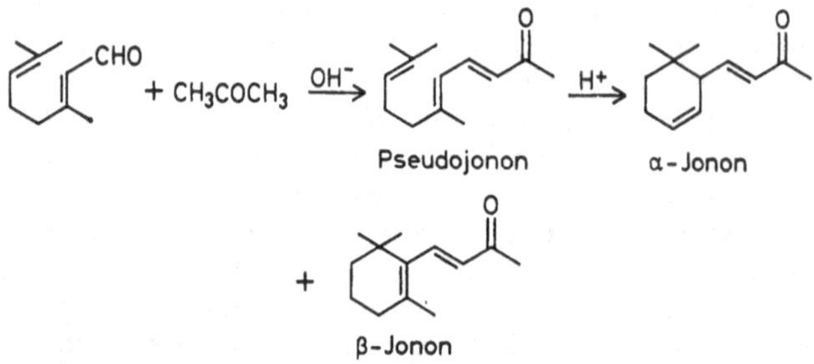

vorwiegend α- und β-Jonon wechselnder Zusammensetzung. So entsteht mit H_3PO_4 hauptsächlich *α-Jonon*, mit H_2SO_4 vor allem *β-Jonon*.

Kondensiert man *Citral* mit *Methyläthylketon*, so entstehen je nach den Bedingungen der nachfolgenden Cyclisierung die verschiedenen *Methyljonone*:

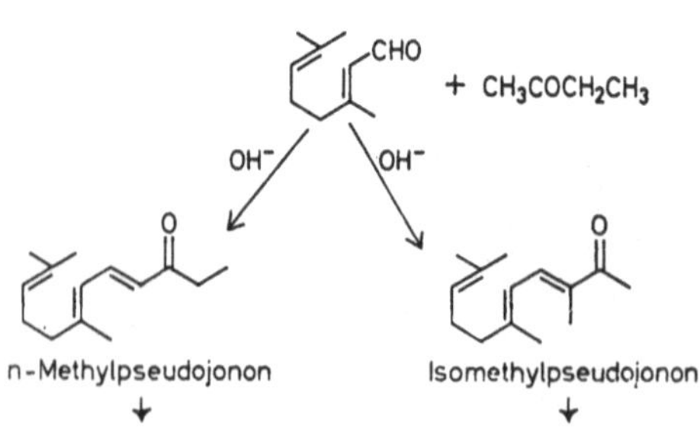

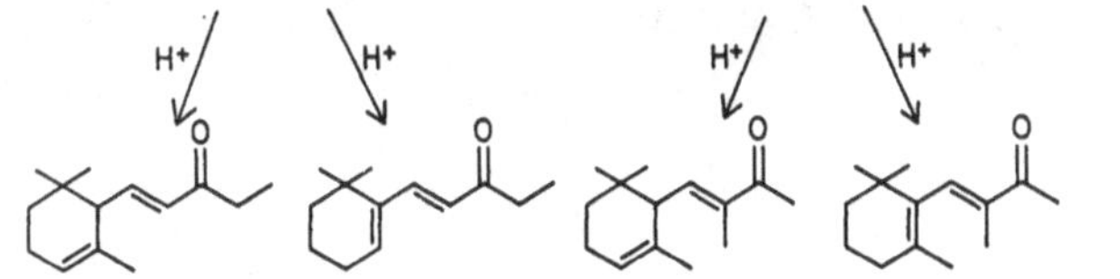

n-Methyl-α-jonon n-Methyl-β-jonon Isomethyl-α-jonon Isomethyl-β-jonon

Alle *Jonone* und *Methyljonone* werden in Riechstoffkompositionen sehr vielseitig eingesetzt, vor allem für blumige Typen. *β-Jonon* ist darüber hinaus von noch größerer Bedeutung für die Synthese des *Vitamins A*.

Aus *Citral* werden auch — in geringerer Menge — die mit den Methyljononen isomeren wertvollen *Irone* gewonnen, die im Iriswurzelöl vorkommen und ausgezeichnete Riechstoffe, für einen ausgedehnten Verbrauch aber zu teuer sind. Je nach Lage der Doppelbindungen und der sterischen Anordnung unterscheidet man verschiedene *Irone:*

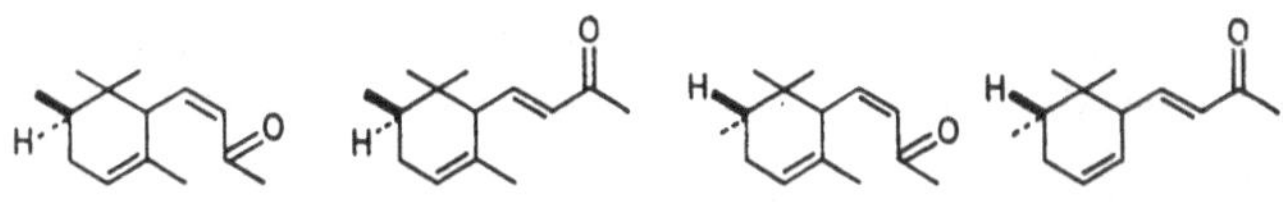

α-Iron Neo-α-iron Iso-α-iron Neoiso-α-iron

β-Iron Neo-β-iron

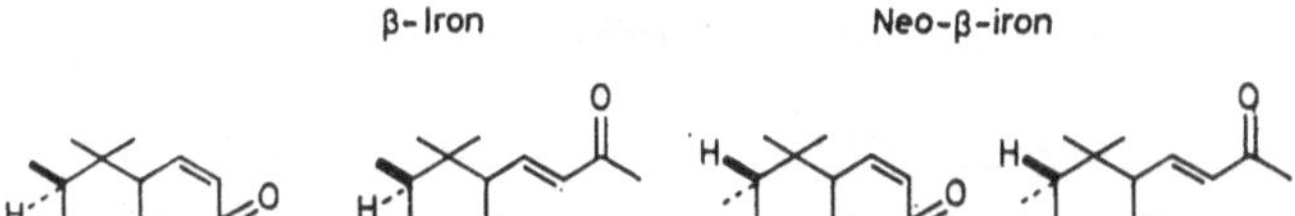

γ-Iron Neo-γ-iron Iso-γ-iron Neoiso-γ-iron

Interessant ist die moderne technische Synthese des *Pseudojonons* direkt aus *Dehydrolinalool* (aus Methylheptenon und Acetylen) nach der CARROLLschen Reaktion:

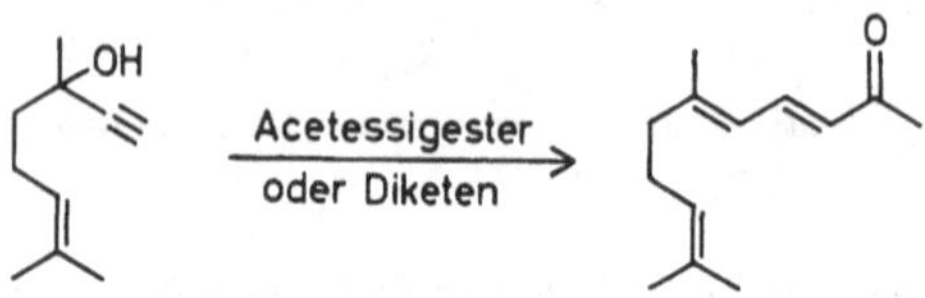

3.2.17. *Die Moschusriechstoffe*

Diese sind für die Fixierung und Abrundung der meisten Parfümöle wesentlich. Bei ihnen gelangen bisher die größten Einblicke in den Zusammenhang zwischen Struktur und Geruch. Den Moschusriechstoffen liegt kein einheitliches Strukturmerkmal zugrunde; zu ihnen gehören Verbindungen unterschiedlicher Konstitution, die jedoch alle den charakteristischen Moschusduft — wenn auch in unterschiedlicher Nuance und Stärke — ausstrahlen. Im wesentlichen kann man zwischen zwei großen Hauptklassen — den *makrocyclischen* und den *aromatischen* Moschusriechstoffen — unterscheiden. Daneben gibt es einige andere ohne praktische Bedeutung, z. B. 16-Androsten-3α-ol und -3β-ol, zwei epimere Steroide.

Die makrocyclischen Moschusriechstoffe sind die weitaus wertvollsten (Weltmarktpreise etwa 1000—2500 DM/kg) und werden vorwiegend für Extraitparfüms und Luxusseifen verwendet. Wesentlich preiswerter (50—150 DM/kg) sind die Indan- und Tetralinderivate, obwohl sie verhältnismäßig fein riechen. Die billigen Nitroaromaten Ambrette-, Keton- und Xylolmoschus (8—30 DM/kg) riechen etwas brutal und werden fast nur für billigere Parfümöle, vor allem für Seifen, verwendet.

3.2.17.1. *Makrocyclische Moschusriechstoffe*

Die Strukturaufklärung der natürlichen Makrocyclen *Muscon*, *Zibeton*, *Ambrettolid* und *Pentadecanolid* (s. S. 126) und die zu ihrer Synthese beschriebenen Methoden haben in der Folgezeit zu einer Vielzahl ähnlich aufgebauter Moschusriechstoffe geführt, die sich durch die Zahl der Ringglieder und die Art der polaren Gruppen unterscheiden.

Der intensivste Moschusgeruch tritt – je nach Art der Verbindung – bei 14 bis 19 Ringgliedern (vorwiegend um 16) auf, die meist als Methylengruppen vorliegen, aber auch z. T. durch N, O oder S ersetzt sein können. Ein oder mehrere Glieder müssen polare Gruppen sein; so ist z. B. *Cyclopentadecan* fast geruchlos, *Cyclopentadecanon* (*Exalton*) ist dagegen ein ausgezeichneter Moschusriechstoff. Die folgende Zusammenstellung gibt einen Überblick über die wichtigsten nach Moschus riechenden makrocyclischen Verbindungsklassen.

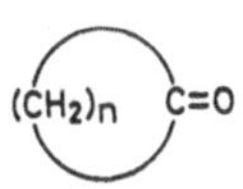

Ketone ($n_{optimal}$=14–15)

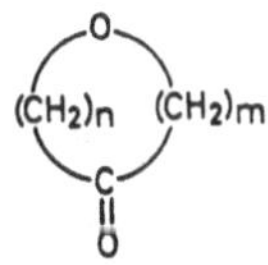

Oxaketone (stark)

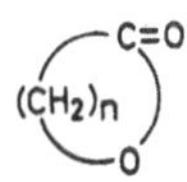

Lactone ($n_{optimal}$=12–15)

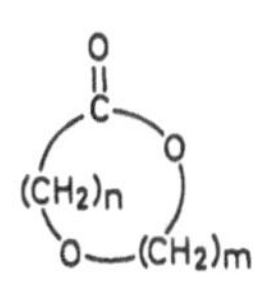

Oxalactone

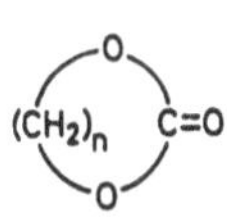

Carbonate ($n_{optimal}$=15–16)

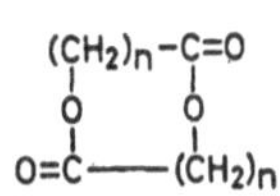

Dilactone ($n_{optimal}$=5)

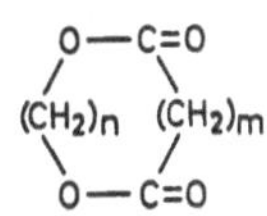

Diester (z.B. n=2, m=11: Äthylenbrassylat)

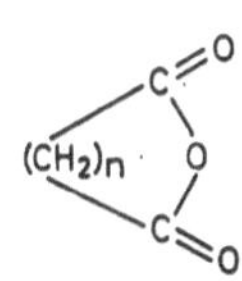

Anhydride (n=12, aber schwach)

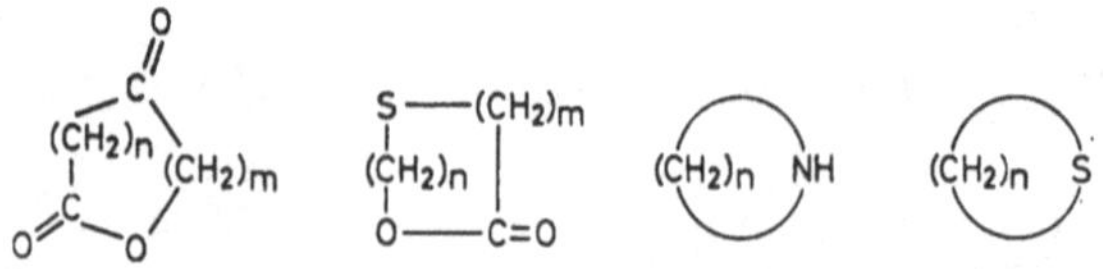

Ketolactone (reiner Moschusgeruch z. B. bei n = 10, m = 4) — Thialactone (stark, analog Oxalactone) — Amine (n = 14 – 17 schwach) — Sulfide (n = 14, schwach dto. Oxide)

Interessanterweise verstärkt sich der Moschusgeruch beim Übergang *Ringketon* → *Lacton*, bei dem ein Sauerstoffatom neben die Carbonylgruppe tritt und der durch Einwirkung von CAROscher Säure erreicht wird (BAEYER-VILLIGER-Oxydation); die *Lactone* werden am höchsten bewertet. Ist eine weitere CH_2-Gruppe durch ein Sauerstoffatom ersetzt, so verschlechtert sich der Geruch bei bestimmter Stellung dieses O-Atoms nur unwesentlich; der geruchlich interessanteste Vertreter dieser Klasse ist *11-Oxahexadecanolid* (Musk R-1). Dies ist für die Praxis bedeutend, da sich die *Oxalactone* leichter herstellen lassen als die *Lactone*, z. B. nach folgender Reaktionsfolge:

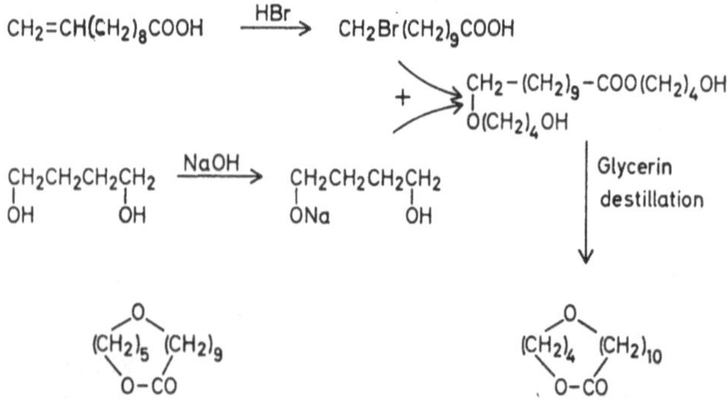

11-Oxahexadecanolid 12-Oxahexadecanolid

Bei mehr als 2 Äthersauerstoffen im Ring nehmen Stärke und Feinheit des Geruchs ab.

Diketone besitzen meist keinen Moschusgeruch; eine Ausnahme bildet *5-Oxocyclopentadecanon*, das dem *Muscon* völlig gleichwertig ist. Von den Diestern hat *Äthylenbrassylat* (Astrotone) praktische Bedeutung als (etwas süßlicher) Moschusriechstoff.

Die Synthesen der makrocyclischen Moschusriechstoffe sind sehr arbeitsintensiv und erstrecken sich über zahlreiche Stufen, woraus ihr hoher Preis resultiert. Die Bemühungen, einfachere Wege zu finden, spiegeln sich in vielen Veröffentlichungen wider. Der entscheidende Schritt ist die Cyclisierung der langkettigen Zwischenprodukte, da diese wenig Neigung zur Bildung so vielgliedriger Ringe haben und sich weitaus leichter zu Kettenpolymeren kondensieren. Erst das Arbeiten in großer Verdünnung (d. h. bei weitgehender Trennung der Moleküle voneinander) ermöglichte die Ringkondensation der Moleküle in höherer Ausbeute (*Ruggli-Zieglersches Verdünnungsprinzip*). So erhielten ZIEGLER und Mitarbeiter das *Muscon:*

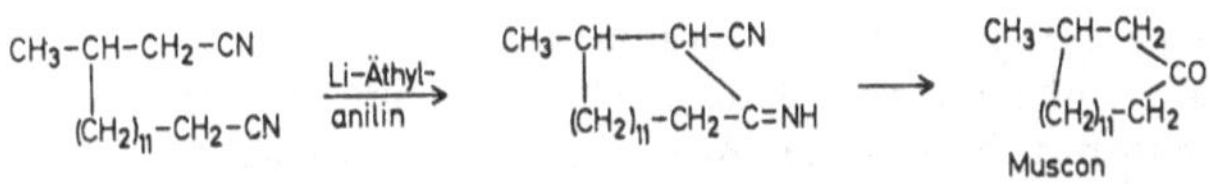

STOLL erhielt nach dieser Methode Lactone in guten Ausbeuten aus den entsprechenden ω-Hydroxycarbonsäuren in Gegenwart von K_2CO_3. Eine wichtige Variante für die Cyclisierung ist die *Acyloinkondensation* von PRELOG und STOLL aus Dicarbonsäureestern und feinstverteiltem Natrium in siedendem Xylol:

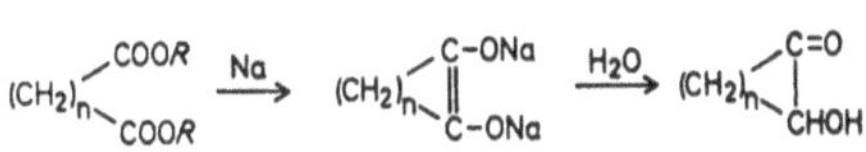

Nach Collaud kann man auch ω-Hydroxycarbonsäuren mit Glyzerin verestern und anschließend die Monoglyzerinester zu Lactonen umestern. Ein anderer Weg ist die nachträgliche Depolymerisation der zunächst entstandenen langkettigen Moleküle (Carothers). So gehen z. B. die aus Dicarbonsäuren und Essigsäureanhydrid oder Acetylchlorid erhaltenen polymeren linearen Anhydride durch Erhitzen im Vakuum in die entsprechenden cyclischen Monomeren über:

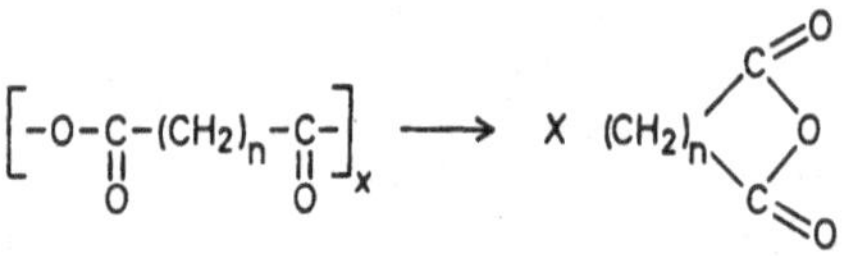

Beets und van Essen depolymerisierten in Gegenwart von Katalysatoren und trennten das cyclische Monomere durch Schleppdestillation mit Glyzerin ab.

In neuerer Zeit werden Di- und Polyacetylenverbindungen als Rohstoffe beschrieben, so z. B. die Synthese des Cyclopentadeca-1,9-diins aus 1,8-Nonadiin und 1,6-Dibromhexan. Die makrocyclischen Diine lasssen sich mit Triisobutylboran zu Acetylenketonen umsetzen, deren partielle Hydrierung zu *Zibeton*-Homologen führt. Man kann die Diine auch zu En-inen hydrieren und diese anschließend HgO-katalysiert zu makrocyclischen Enonen hydratisieren.

Weitere moderne Synthesemöglichkeiten ergeben sich aus der Thermolyse bzw. Photolyse cyclischer Ketonperoxide (aus trimerem Cyclohexanonperoxid erhält man z. B. 25% *Dihydroambrettolid*) sowie aus der Umwandlung des preiswerten Cyclododecanons in bicyclische Zwischenprodukte, deren gezielte Fragmentierung auf verschiedenen Wegen zu monocyclischen Makrocyclen führt [31], z. B.:

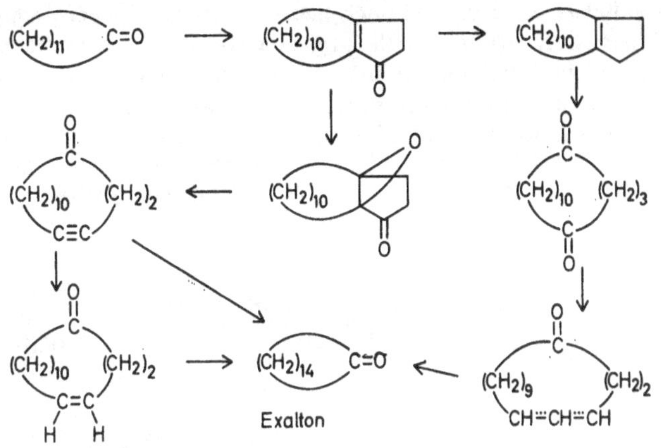

3.2.17.2. *Aromatische Moschusriechstoffe*

Schon lange vor der Strukturaufklärung der natürlichen, makrocyclischen Moschusriechstoffe wurden völlig anders gebaute Verbindungen hergestellt, die an Moschus erinnernde Gerüche aufweisen. Es war dies zunächst das von BAUR 1891 synthetisierte *2,4,6-Trinitro-1-methyl-3-tert.-butylbenzol*, das der erste Vertreter der Nitromoschusver-

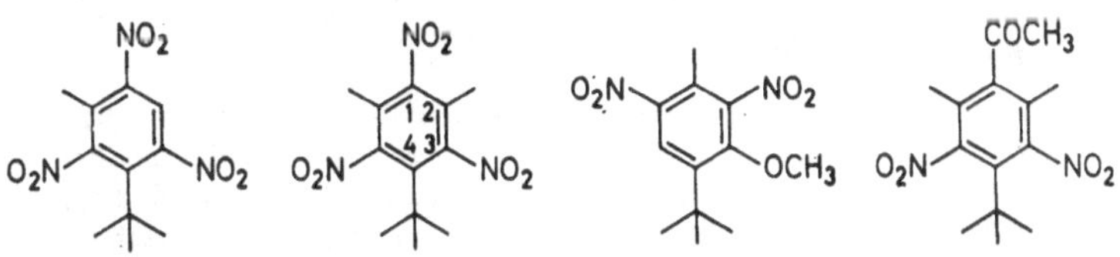

Moschus-Baur Xylolmoschus Ambrettemoschus Ketonmoschus

bindungen war und lange Zeit als Moschus-Baur gehandelt wurde. Viele ähnliche Verbindungen wurden später hergestellt, von denen die als *Xylol-*, *Keton-* und *Ambrette-*

moschus bezeichneten noch heute in großen Mengen billig hergestellt werden. Alle drei sind farblose bis schwach gelbliche Kristalle mit intensivem, etwas aufdringlichem Moschusgeruch; *Xylol-* und *Ketonmoschus* riechen süßlich, *Ambrettemoschus* hat eine ambraartige Note. Sie lassen sich aus leicht zugänglichen Rohstoffen relativ einfach herstellen, *Ambrettemoschus* z. B. auf folgendem Weg:

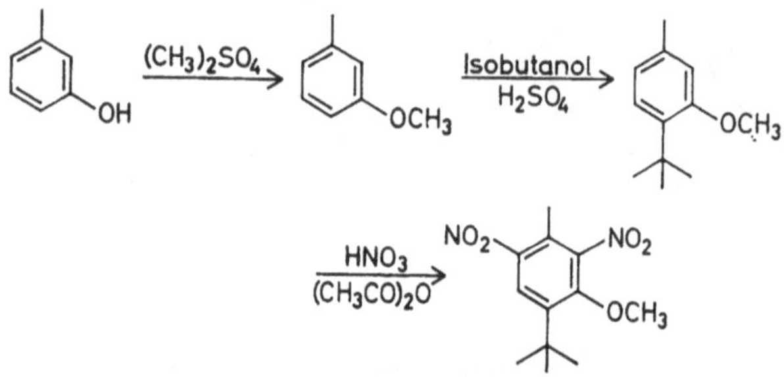

Die Nitrierung erfordert allerdings technisch einige Umsicht, da bekanntlich hochnitrierte Benzolderivate u. U. explosiv sind, ebenfalls das als Nitrieragens intermediär auftretende Acetylnitrat. Durch kontinuierliche Führung dieser Stufe in dünnen Filmen in Reaktoren kann man diese Gefahr weitgehend ausschließen.

Praktische Bedeutung haben auch *4,6-Dinitro-1,1,3,3,5-pentamethylindan* (*Moskene*) und *2,6-Dinitro-3,4,5-trimethyl-1-tert.-butylbenzol* (*Musk Tibetine*).

Die zahlreichen anderen, ähnlich gebauten Verbindungen haben nur für die Klärung des Einflusses verschiedener Substituenten auf den Geruchscharakter Bedeutung. So stellte man z. B. fest, daß die Nitrogruppe am C_2 oder C_4 ohne wesentliche Geruchsänderung durch andere polare Gruppen, wie $-CN$, $-CHO$, $-Cl$, $-Br$, $-F$, ersetzt werden kann, während $-CH_2OH$ zur Geruchlosigkeit führt. Auch eine CH_3-Gruppe läßt sich ohne Geruchsänderung durch Halogen ersetzen; Austausch der CH_3-Gruppe im *Ambrettemoschus* gegen eine zweite Methoxygruppe ergibt ebenfalls keine Änderung.

Größere Abweichungen bewirkt dagegen der Austausch einer Methylgruppe gegen größere Alkyle. Während C_2H_5- noch ähnlichen, wenn auch schwächeren Geruch ergibt, bringen größere Substituenten den Geruch zum Verschwinden. In gleicher Richtung wirkt entsprechende Änderung der Methoxygruppe im *Ambrettemoschus* über Äthoxy- (schwächer) in Butoxygruppe (geruchlos).

Nitrogruppen können auch völlig wegfallen, wenn 2 tert.-Butylgruppen oder andere quartäre C-Atome außer einer Carbonylgruppe vorhanden sind; letztere darf jedoch sterisch nicht gehindert sein. So riechen z. B. *3,5-Di-tert.-butylbenzaldehyd* und *3,5-Di-tert.-butylacetophenon* stark nach Moschus, das homologe

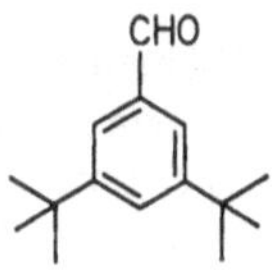

3,5-Di-tert.-butylbenzaldehyd

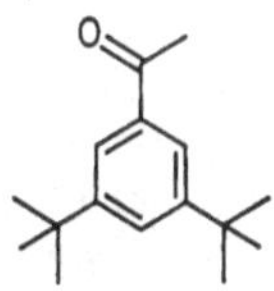

3,5-Di-tert.-butylacetophenon

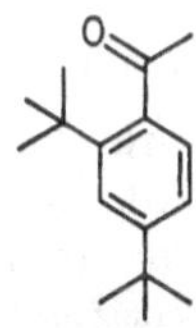

2,4-Di-tert.-butylacetophenon

substituierte Propiophenon schon schwächer, höhere Ketone garnicht mehr. Bei gehinderter CO-Gruppe tritt ebenfalls kein Moschusgeruch auf, wie z. B. bei *2,4-Di-tert.-butylacetophenon*. Außerdem muß die Carbonylgruppe direkt am Kern sitzen; tritt z. B. eine Methylengruppe dazwischen, so geht die Geruchsstärke erheblich zurück.

Beim Versuch, statt der Nitromoschusverbindungen mit tert.-Butylgruppe solche mit einer tert.-Amylgruppe herzustellen, erhielten M. S. Carpenter und W. M. Easter [32] Zwischenprodukte, die später von A. V. Grampoloff [33] als *Indanderivate* erkannt und von S. H. Weber, D. B. Spoelstra und E. H. Polak [34] ausführlich bearbeitet wurden.

Acetylierung der (z. B. aus p-Cymol und tert.-Amylalkohol entstehenden) Kohlenwasserstoffe führt zu den

Indanmoschusriechstoffen, die den Makrocyclen im Geruch am nächsten kommen, wenn sie auch deutlich schlech-

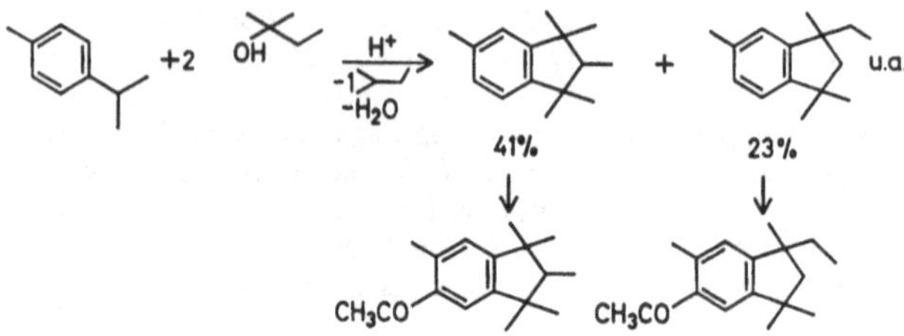

Phantolid

ter sind. Für gute Seifen sind sie heute unentbehrlich, da sie die brutaleren Nitromoschusriechstoffe im Geruch und in der Alkali- und Lichtechtheit übertreffen und dennoch relativ preisgünstig sind. Der erste und heute noch wichtigste Vertreter ist das *Phantolid.*

M. G. J. Beets, H. van Essen und W. Meerburg [35] stellten fest, daß Indane mindestens eine Acylgruppe und zwei tertiäre oder (vorzugsweise) quartäre C-Atome als Substituenten (als Ringglied oder als Alkyl am Benzolring) und insgesamt 14 bis 20 C-Atome (Optimum bei 16—18) enthalten müssen, um intensiven Moschusgeruch aufzuweisen — analog den nicht nitrierten Benzolderivaten wie *3,5-Di-tert.-butylbenzaldehyd.*

Ein sehr wichtiger Moschusriechstoff ist auch *1,1-Dimethyl-4-acetyl-6-tert.-butylindan*, das als *Celestolide* und *Musk DTI* im Handel ist und folgendermaßen hergestellt wird:

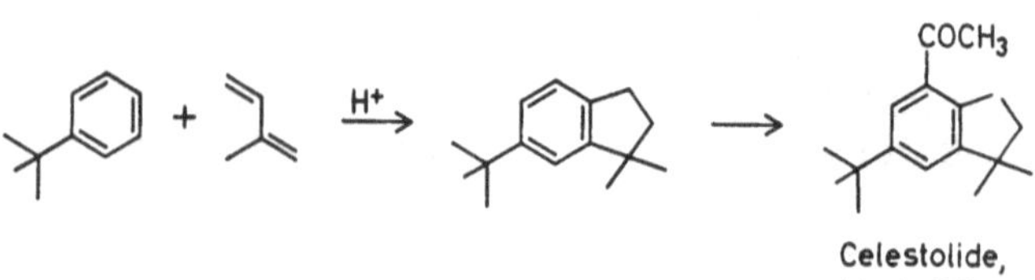

Celestolide,
Musk DTJ

Zu den ähnlich aufgebauten und auch ähnlich riechenden, von M. S. CARPENTER [36] entwickelten *Tetralinmoschusriechstoffen* kommt man z. B. auf folgendem Weg:

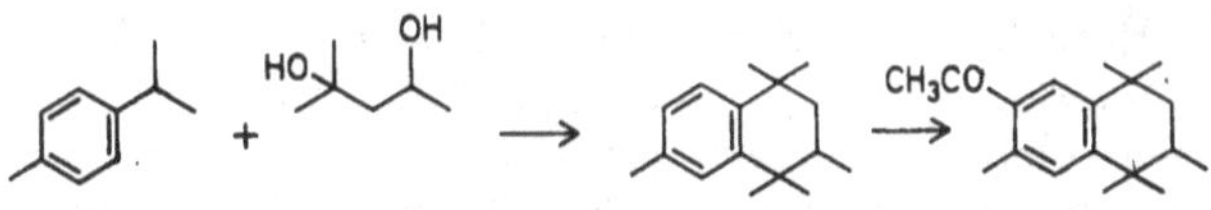

Tonalid

Für ihren Geruch gelten die gleichen Voraussetzungen wie bei den Indanen und nichtnitrierten Benzolverbindungen. Der bekannteste Vertreter ist *Versalide*, das z. B. folgendermaßen gewonnen werden kann:

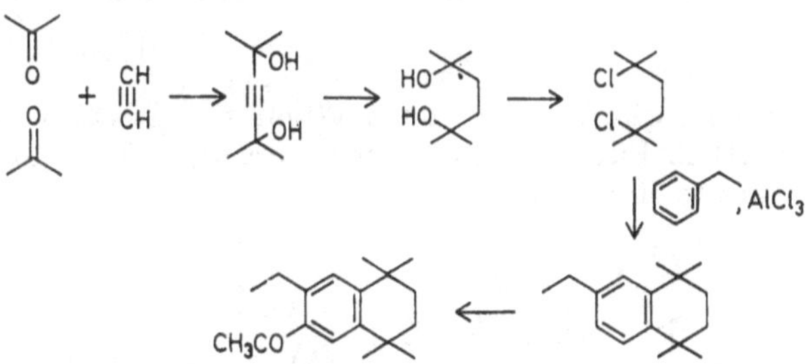

Versalide

Wenn auch die Nitromoschusverbindungen in ihrer Gesamtproduktion überwiegen, haben doch auch schon die Produktionszahlen von *Versalide*, *Celestolide*, *Phantolid* und *Tonalid* erheblichen Umfang. Durch die große Palette an Moschusriechstoffen mit unterschiedlichen Geruchsnuancen haben die Parfümeure die Möglichkeit, in weitem Umfang zu variieren.

3.2.18. Nopylacetat und Analoge

Durch Umsetzung von *β-Pinen* mit HCHO unter Druck bei 225° entsteht in ca. 82%iger Ausbeute *Nopol*, ein Homologes der Monoterpene. Dessen Acetat, *Nopylacetat* (Sdp.$_{10}$ 118°, d_4^{25} 0,9775, n_D^{25} 1,4705), ist wegen seines frisch-holzigen Geruches zu einem häufig benutzten Riechstoff geworden. Eine ähnliche, ebenfalls angenehm frisch-holzig riechende Verbindung, das *8-Acetoxymethylcamphen*, wird durch PRINS-Reaktion von *Camphen* mit HCHO in Eisessig bei 100° und Normaldruck in guter Ausbeute direkt erhalten [37]:

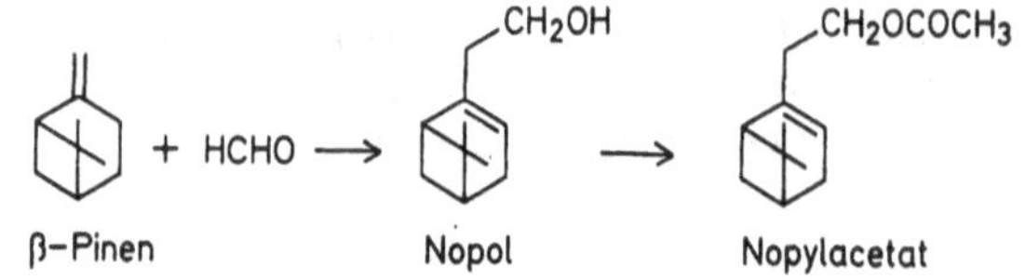

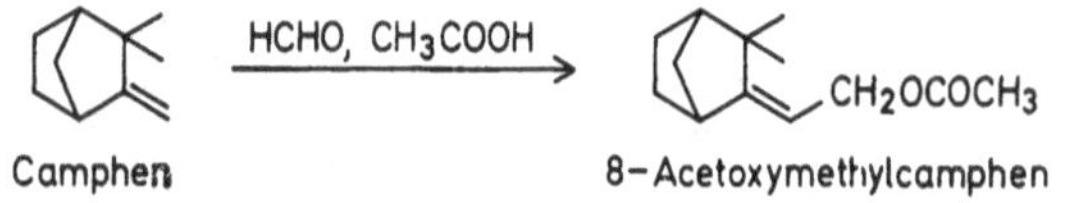

Auch dieses wird zur Herstellung von Riechstoffmischungen verwendet. In ähnlicher Weise werden aus *Limonen*, *Sabinen* u. a. Monoterpenen und Sesquiterpenen homologe Acetate mit guten Riechstoffeigenschaften hergestellt.

3.2.19. Phenyläthylalkohol

Phenyläthylalkohol ist einer der in größten Mengen eingesetzten Riechstoffe. Er ist in zahlreichen ätherischen Ölen enthalten, z. B. ist er ein wichtiger Bestandteil des Rosenextraktöls; da er ziemlich wasserlöslich ist, gehen beträchtliche Mengen in die Destillationswässer. Wegen seines angenehmen und dauerhaften Rosengeruches ist er in Verbindung mit *Citronellol*, *Geraniol* und ihrer Ester einer der wichtigsten Bestandteile von Rosenparfümölen und anderer Blumentypen, vor allem für Seifen und Kosmetika. *Phenyläthylalkohol* ($Sdp._{10}$ 99°, d_{25}^{25} 1,018, n_D^{20} 1,531) wird in großen Mengen synthetisch hergestellt; es existiert eine große Zahl von Patenten.

Die technische Synthese geht meist (früher ausschließlich) von Toluol aus, das über Benzylchlorid, Benzylcyanid, Phenylessigsäureäthylester oder -amylester und deren Reduktion mit Natrium und Alkohol in *β-Phenyläthylalkohol* umgewandelt wird. Neuere Verfahren gehen

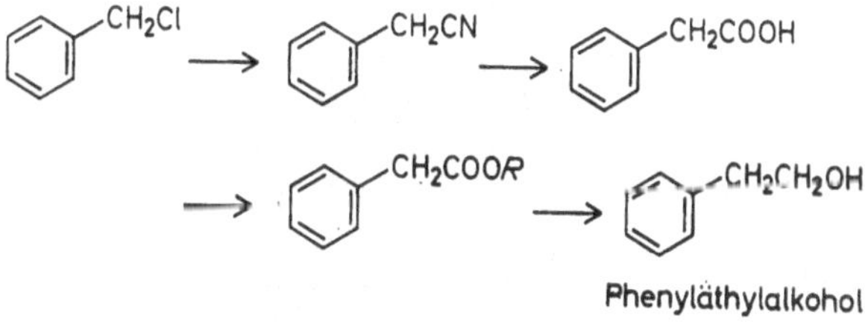

Phenyläthylalkohol

von Benzol oder Styrol aus; so erhält man z. B. *Phenyläthylalkohol* aus Benzol und Äthylenoxid in Gegenwart von $AlCl_3$ bei 5–6° oder durch Hydrierung von Styroloxid. Die neueren Verfahren liefern jedoch häufig schlechter riechende Produkte.

3.2.20. Rosenoxid

Vor wenigen Jahren wurde im bulgarischen Rosenöl (0,1%) und im Geraniumöl (0,68% *cis*-, 0,33% *trans*-) dieses Tetrahydropyranderivat gefunden, aufgeklärt und synthetisiert. Es besitzt eine starke Geraniumspitzennote und wird in kleineren Mengen zur Bildung des Spitzengeruchs in Rosen- und Geraniumtypen für Seifen verwendet; es ist stabil und verfärbt nicht.

Es wird meist aus *Citronellol* hergestellt, das in Methanol unter Zusatz von Rose bengale und unter Einleiten

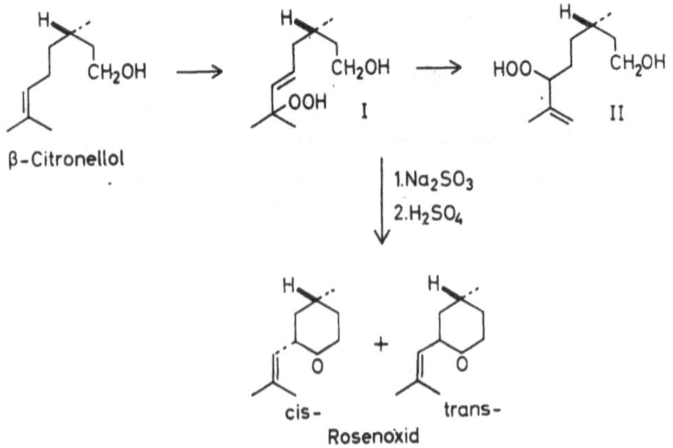

von O_2 mit UV-Licht (Hg-Hochdruckbrenner) belichtet wird. Das zu 60% gebildete tert. Allylhydroperoxid I wird mit Na_2SO_3 zum Diol reduziert und dieses mit verd. H_2SO_4 cyclisiert, wobei *cis*- und *trans-Rosenoxid* (Sdp.$_{12}$ 70°, d_4^{20} 0,8751, n_D^{20} 1,4566) im Verhältnis 1:1 in etwa 50%iger Ausbeute entstehen. Das neben I gebildete Hydroperoxid II bleibt bei gleicher Behandlung beim Diol stehen, von dem *Rosenoxid* durch Destillation leicht abgetrennt werden kann.

3.2.21. *Sandelriechstoffe*

Wegen ihres angenehmen Geruchs werden ostindisches Sandelholzöl bzw. dessen durch Destillation abgetrennte Hauptbestandteile α- und *β-Santalol* (s. S. 115) in der Parfümerie in großen Mengen eingesetzt. Ihr relativ hoher Preis und häufiger Mangel auf dem Weltmarkt hat mehrere Riechstoffproduzenten zur Entwicklung ähnlich riechender, billigerer Syntheseprodukte angeregt; Synthesen der *Santalole* selbst sind zwar schon gelungen, sind technisch jedoch noch nicht nutzbar.

Schon 1940 wurden von A. Weissenborn Hydrierungsprodukte von Terpenphenolen als geignet erkannt und wenig später von der Farbenfabrik Wolfen als „*Sandelalkohol*“ hergestellt; seit mehreren Jahren werden auch von anderen Betrieben solche in größeren Mengen geliefert (z. B. *Sandela* von Givaudan/Schweiz, *Santalidol* vom Riechstoffkombinat Kaluga/Sowjetunion). Besonders von L. A. Cheifitz und Mitarbeitern wurden diese Produkte systematisch untersucht, wobei auch Riechstoffe mit anderen Geruchsnoten entwickelt wurden. Sie werden im allgemeinen durch Alkylierung von Phenolen oder Phenoläthern mit Terpenkohlenwasserstoffen (besonders *Camphen*) in Gegenwart von Katalysatoren (H_2SO_4, BF_3, Kationenaustauscher u. a.) und katalytische Druckhydrierung der gebildeten Alkylierungsprodukte (Terpenphenole) zu den entsprechenden Cyclohexanderivaten gewonnen. Die Alkylierung ergibt p-, o- und m-Isomere; in diesen kann der Alkylrest unterschiedliche Struktur haben, bei *Camphen* als Ausgangsprodukt z. B.:

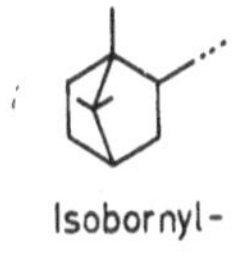

Isobornyl-

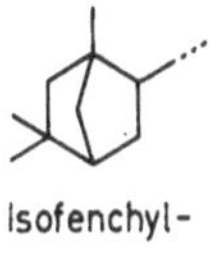

Isofenchyl-

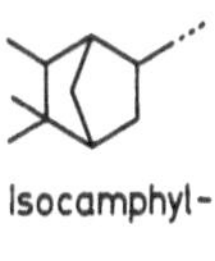

Isocamphyl-

So enthält z. B. das aus Phenol und Camphen in Gegenwart von BF_3 erhältliche Gemisch 9 Terpenphenole, die zu 18 Cyclohexanderivaten (9 Paare von Konformeren mit axialer bzw. äquatorialer OH-Gruppe) führen. Interessanterweise hat nach Untersuchungen von E. DEMOLE [38] nur eins von diesen, das nur zu etwa 1 % im Gemisch enthaltene *3-(2,2,exo-3-Trimethyl-exo-5-norbornyl)cyclohexanol* mit axialer OH-Gruppe (I), den typischen Sandelgeruch, die anderen 17 sind fast geruchlos. Dies ist ein eindeutiges Beispiel für die starke Abhängigkeit des Geruchs vom sterischen Bau der Moleküle:

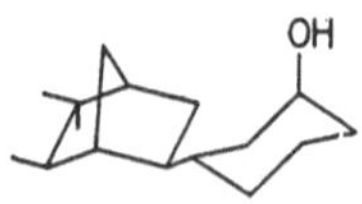

I

starker Geruch

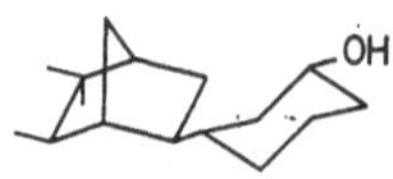

II

geruchlos

L. A. CHEIFITZ und Mitarbeiter haben nachgewiesen, daß das Haupthandelsprodukt, das aus *Camphen* und *Guajacol* in Gegenwart von BF_3-Acetat hergestellt wird, vorwiegend dieses stark riechende Isomere I enthält; bei der Alkylierung wird also die Methoxygruppe zum großen Teil abgespalten.

Andere, nach Sandel- und Cedernholz riechende Verbindungen sind u. a. über *8-Formylcamphen* zugänglich, z. B. *2-Methyl-3-(isocamphanyl-8)-propanol-1* durch basenkatalysierte Kondensation mit Propionaldehyd und katalytische Hydrierung [39]:

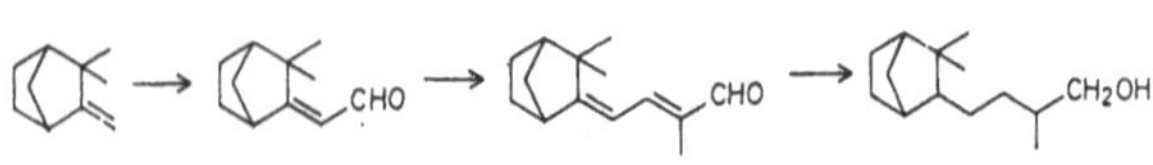

3.2.22. *Terpineol und Terpinylacetat*

Terpineol kommt zwar in vielen ätherischen Ölen vor, wird jedoch für den Einsatz in Riechstoffmischungen aus Terpentinölen bzw. den daraus isolierten *Pinenen* durch Hydratisierung hergestellt. Diese — formal einfache — Wasseraddition ist in der Praxis komplizierter.

Primärprodukt der säurekatalysierten Hydratisierung ist zunächst *α-Terpineol*, das ein weiteres H_2O unter Bildung von *Terpinhydrat* aufnimmt. Letzteres wird mit verdünnten Säuren bei höheren Temperaturen vorwiegend zu *α-Terpineol* dehydratisiert; daneben entstehen die isomeren Alkohole sowie monocyclische Monoterpenkohlenwasserstoffe. Der Mechanismus und die Nebenprodukte dieser Reaktionen sind mehrfach untersucht worden [40].

Da die Säurekatalyse sehr unspezifisch ist, verlaufen Hydratisierungen, Dehydratisierungen und Isomerisierungen (einschließlich WAGNER-MEERWEIN-Umlagerungen) parallel, so daß im Endprodukt zahlreiche Verbindungen vorliegen (kürzlich wurden gaschromatographisch 35 nachgewiesen). Das destillierte Handelsprodukt ist eine farblose, fliederähnlich riechende Flüssigkeit (E. P. +2°, Sdp. 214—224°, d_{25}^{25} 0,930—0,936, n_D^{20} 1,4825—1,4850) und besteht vorwiegend aus *α-Terpineol* neben hauptsächlich *β-Terpineol*, *Terpinenol-1* und *γ-Terpineol*. Im folgenden Schema ist die Bildung dieser Hauptbestandteile skizziert.

Da *Terpineol* in großen Mengen vielseitig in der Parfümerie eingesetzt wird, sind in der Literatur unzählige Verfahren zur Herstellung beschrieben worden. Bei den meisten industriellen Verfahren wird *Terpinhydrat* als Zwischenprodukt isoliert und anschließend dehydratisiert.

Zur Bildung des *Terpinhydrats* rührt man die *Pinene* bzw. Terpentinöle mit 25- bis 65%igen Mineralsäuren (vorwiegend H_2SO_4) oder Sulfonsäuren. Je verdünnter die Säure ist, um so länger dauert die Hydratisierung und um so weniger Einfluß hat die Temperatur; stärkere Säuren erfordern Kühlung und kürzere Reaktions-

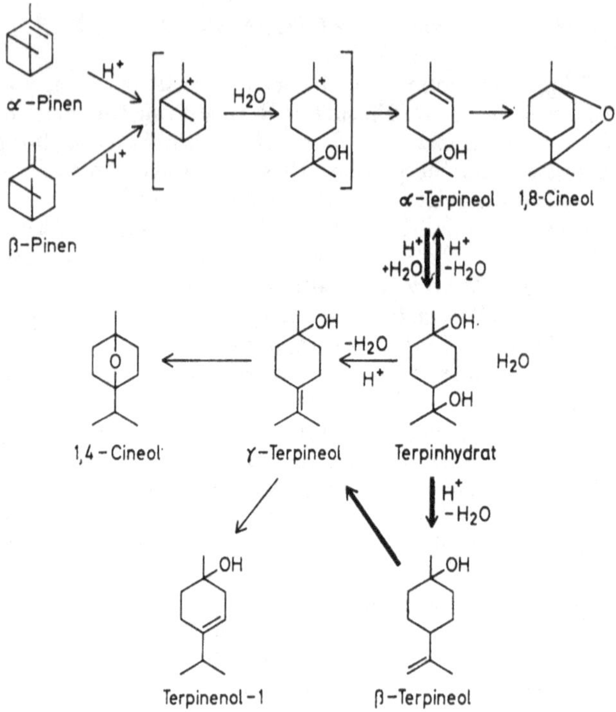

zeiten. Neben *trans-1,8-Terpinhydrat* fällt in geringer Menge (bei Verwendung starker Säure bei 0° 10—15%) *cis-1,8-Terpin* an. Die Dehydratisierung des *Terpinhydrats* wird häufig durch Wasserdampfdestillation in Gegenwart von n/10-Säure vorgenommen. Es entstehen vorwiegend α-, β- und *γ-Terpineol* (im Verhältnis 7:2:2); daneben werden u. a. *Terpinenol-1*, *1,4-* und *1,8-Cineol* gebildet. Die durch weitergehende Dehydratisierung der Alkohole entstehenden Kohlenwasserstoffe bestehen vorwiegend aus *Dipenten* und *Terpinolen* neben α- und *γ-Terpinen* (s. S. 50).

Bei vielen Verfahren werden die *Pinene* direkt zu *Terpineol* hydratisiert, z. B. durch ein Gemisch aus 1,2 Teilen 70%iger Ameisensäure und 0,4 Teilen 70%iger Phosphorsäure bei 45°.

Terpinylacetat wird durch Acetylierung des *Terpineols* hergestellt; es ist eine farblose, lavendel-bergamottähnlich riechende Flüssigkeit, die in großen Mengen in der Parfümerie verwendet wird.

3.2.23. Zimtalkohol

Dieser vor allem als Ester in einigen ätherischen Ölen, Harzen und Balsamen vorkommende, nach Hyazinthen riechende Alkohol (Schmp. 33°) wird durch Reduktion des durch alkalische Kondensation von Benzaldehyd mit Acetaldehyd leicht zugänglichen *Zimtaldehyds* hergestellt:

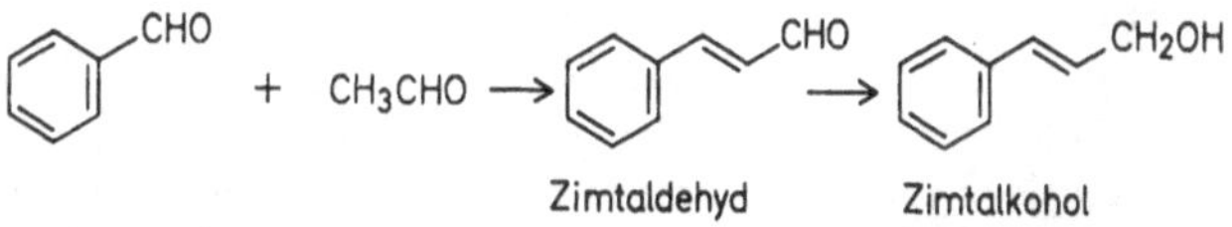

Die nicht einfache Reduktion wird vorwiegend nach MEERWEIN-PONNDORF-VERLEY durchgeführt, im allgemeinen mit Aluminiumisopropylat in Isopropanollösung.

Der durch Verseifung natürlicher Ester (vorwiegend Cinnamat) erhältliche Zimtalkohol ist geruchlich wertvoller und auch teurer; dem synthetischen Produkt haften stets geruchsverschlechternde Spuren von Zimtaldehyd an.

4. Verwendung der Riechstoffe

Die Riechstoffe werden vielseitig eingesetzt. Sie dienen nicht nur als Grundlage der Parfüme im engeren Sinne (der sog. Extraits), sondern in großen Mengen zur Parfümierung von Seifen und Kosmetika, zur Herstellung von Toilettewässern und zur Geruchsverbesserung vieler anderer Produkte. Mit steigendem Lebensstandard erhöhen sich zwangsläufig auch die Ansprüche an die Geruchsqualitäten der Erzeugnisse und werden dadurch mitentscheidend für deren Absatz. Riechstoffmischungen dienen bereits in großem Umfang zur Überdeckung unangenehmer Wirkstoffgerüche und zur Belebung der Anwendungsfreudigkeit von Kosmetika, Insekten- und Sonnenschutzmitteln, zur Parfümierung „technisch" riechender Waschpulver, zur Geruchsmaskierung und Erhöhung der psychologischen Wirkung von Pharmazeutika, zur Aromatisierung von Nahrungs- und Genußmitteln und Tabaken. In der neuesten Zeit setzt sich immer mehr die Parfümierung ausgesprochener Industrieprodukte durch, sei es, um durch den Herstellungsprozeß oder das Material bedingte Nebengerüche zu beseitigen oder zu überdecken, Syntheseprodukte mit dem gewohnten Geruch der Naturprodukte zu versehen (z. B. Kunstleder) oder um einem Erzeugnis eine charakteristische, individuelle Note zu geben.

Zwangsläufig hat sich damit natürlich das Tätigkeitsfeld des Parfümeurs verlagert. Die eigentlichen Parfüme nehmen nur einen kleinen Raum ein; das Schwergewicht liegt vielmehr bei der Entwicklung von Duftkompositionen für allgemein absetzbare Massenartikel. Hierbei wird er ständig neuartigen Problemen gegenübergestellt, die ein hohes Maß an Erfahrung und Einfühlungsvermögen erfordern. Auch chemische Kenntnisse sind wegen der Anpassung der Kompositionen an die verschiedensten Medien und Grundlagen unerläßlich.

Die Parfümeure gehen bei der Schaffung von Duftkompositionen prinzipiell zwei Wege: entweder ahmen sie Naturgerüche (d. h. vorwiegend Blumendüfte) nach oder sie entwickeln neue Dufteffekte. Heute herrscht der letztere, zu Phantasiegerüchen führende Weg vor. Man erreicht das gewünschte Ziel durch Mischen verschiedenster Riechstoffe in bestimmten, durch oft langwierige

Versuche ermittelten Mengenverhältnissen. Den Parfümeuren stehen hierzu etwa 900 einheitliche, zum größten Teil synthetische Riechstoffe, etwa 110 ätherische Handelsöle und mehrere Harze, Balsame und tierische Sekrete mehr oder weniger vollständig zur Verfügung. Die fertigen Mischungen — die später z. B. der Seifengrundmasse durch Pilieren (d. h. Einwalzen oder Einkneten) zugesetzt oder zwecks Herstellung von Parfümen in etwas Alkohol gelöst werden — werden als Parfümöle, Kompositionen oder Basen bezeichnet. Erfahrungsgemäß führt nur die gut ausgeglichene Mischung vieler Bestandteile (in vielen Fällen 50 und mehr) zum Erfolg. Kein einziger Riechstoff kann die komplexe Duftwirkung der Naturprodukte allein wiedergeben oder zu einem ausgereiften modernen Typ führen.

Über die Art, wie man Parfümkompositionen gestaltet, ist schon viel geschrieben worden. Wenn dies auch sicher Anregungen vermittelt, so sind doch langjährige Erfahrung und Talent für die Schaffung erfolgreicher neuer Dufteffekte erforderlich. Die Geschichte der Parfümerie kennt mehrere Spitzenprodukte, die zu Welterfolgen wurden — z. B. Chanel No. 5, L'Origan, Quelques Fleurs, Arpège, Narcisse Noir. Viel Kleinarbeit, Geschick und Glück erfordert jedoch auch die erfolgreiche Parfümierung billiger Massenprodukte.

Der lange Weg vom Anbau der ätherische Öle liefernden Pflanzen, der Isolierung dieser Öle, ihrer Analyse, Auf- und Umarbeitung, der Gewinnung und Aufarbeitung tierischer Sekrete, der Herstellung von Extrakten, der Synthese der Naturprodukte und neuer Riechstoffe im Labor und ihrer technischen Herstellung bis zur Schaffung der fertigen Parfümkomposition erfordert ein ungewöhnlich hohes Maß an intelligenzintensiver und manueller Leistung. Dies macht die Preise hochwertiger Erzeugnisse erklärlich.

Die Verwendung mehrerer ätherischer Öle in der Pharmazie beruht u. a. auf deren mehr oder weniger stark hautreizenden Wirkung (z. B. der Senföle), wodurch die

Blutversorgung der behandelten Gebiete verbessert wird. Andere Öle rufen durch Lähmung von Nervenenden Kälteempfinden hervor (z. B. Pfefferminzöl); ähnlich erklärt sich die juckreiz- und schmerzlindernde Wirkung z. B. des Nelkenöls. Als Zusätze zu Arzneimitteln werden ätherische Öle oft zur Geruchs- und Geschmacksverbesserung verwendet, außerdem vermögen einige die Aufnahme bestimmter Stoffe (z. B. von Alkaloiden) in die Blutbahn zu beschleunigen.

5. Bibliographie

Zum tieferen Eindringen in das Gebiet der Riechstoffe werden folgende Monographien empfohlen:

St. ARCTANDER, *Perfume and Flavor Materials of Natural Origin*, Elizabeth, N. J., 1960.

P. Z. BEDOUKIAN, *Perfumery and Flavoring Synthetics*, Elsevier Publishing Co., New York 1967.

E. GILDEMEISTER und F. HOFFMANN, *Die Ätherischen Öle*, Band I–VII; 4., völlig neu bearbeitete Auflage von W. TREIBS, K. BOURNOT und D. MERKEL, Akademie-Verlag 1956–1968.

E. GUENTHER, *The Essential Oils*, Vo. I–VI, D. van Nostrand Co. Inc., New York 1949–1952.

A. MÜLLER, *Internationaler Kodex der Ätherischen Öle*, Dr. A. Hüthig Verlag Heidelberg 1952; Ergänzungsband 1959.

A. MÜLLER, *Internationaler Riechstoffkodex*, Dr. A. Hüthig Verlag Heidelberg 1950; Ergänzungsbände 1957 und 1968.

P. DE MAYO, *Mono- and Sesquiterpenoids*, in: *The Chemistry of Natural Products*, Vol. II, Interscience Publ. New York–London 1959.

G. OHLOFF, *Chemie der Geruchs- und Geschmacksstoffe*, in: Fortsch. chem. Forschg. **12**, 2, 185–251 (1969).

J. SIMONSEN, L. N. OWEN, D. H. R. BARTON, W. C. J. ROSS und P. DE MAYO, *The Terpenes*, Vol. I–V, Cambridge University Press 1953–1957.

T. F. WEST, H. J. STRAUSZ und D. H. R. BARTON, *Synthetic Perfumes*, Edward Arnold and Co., London 1959.

F. WINTER, *Handbuch der gesamten Parfümerie und Kosmetik*, Springer-Verlag Wien 1952.

6. Literaturverzeichnis

[1] H. Zwaardemaker, *Die Physiologie des Geruchs*, Leipzig 1895.

[2] H. H. Henning, *Der Geruch*, Leipzig **1924**.

[3] Crocker und Henderson, Proc. sci. Sect. Toilet Goods Assoc. **1946**, No. 6, 24.

[4] C. E. Osgood, G. J. Souci und P. H. Tannenbaum, *The Measurement of Meaning*, Urbana 1957; Psychol. Bull. **49**, 251 (1952).

[5] P. R. Hofstätter, Psyche **9**, 54 (1955) .

[6] E. Paukner, J. Soc. Cosmetic. Chemists **16**, 515 (1965).

[7] R. Randebrock, ebenda 653.

[8] Vgl. D. Kastner, Parfümerie u. Kosmet. **49**, 92 (1968); Seifen-Öle-Fette-Wachse **95**, 209 (1969).

[9] nach Chemiker-Ztg. **92**, 44 (1968).

[10] R. W. Moncrieff, „*The Chemical Senses*", Leonard Hill Ltd., London, 1951.

[11] J. E. Amoore, Proc. sci. Sect. Toilet Goods Assoc. **1962**, Suppl. zu No. 37, 1, 13; Nature [London] **198**, 271 (1963); **214**, 1095 (1967).

[12] W. Steiner, Parfümerie u. Kosmet. **50**, 41 (1969).

[13] D. Kastner, Seifen-Öle-Fette-Wachse **93**, 909 (1967).

[14] W. Treibs, *Zur Biochemie und Biogenese der Inhaltsstoffe ätherischer Öle*, Sitzungsber. Dtsch. Akad. Wiss. Berlin 1953, No. 6.

[15] E. Kugler und E. sz. Kovats, Helv. chim. Acta **46**, 1480 (1963).

[16] Gildemeister-Hoffmann, *Die Ätherischen Öle*. **4.**, von W. Treibs herausgegebene, völlig neu bearbeitete Auflage, Bd. IIIa–IIId (von D. Merkel), Akademie-Verlag Berlin 1960–1966.

[17] L. Ruzicka, Experientia [Basel] **9**, 357 (1953).

[18] Vgl. J. W. Cornforth, Angew. Chem. **80**, 977 (1968). – J. R. Hanson, Perfum. Record 1967, 787.

[19] J. B. Hendrickson, Tetrahedron **7**, 82 (1959).

[20] Näheres s. GILDEMEISTER-HOFFMANN, Bd. IV–VII.
[21] E. sz. KOVATS, Helv. chim. Acta **46**, 2705 (1963).
[22] GILDEMEISTER-HOFFMANN, Band V, 263.
[23] W. SANDERMANN, in ULLMANNS *Enzyklopädie der techn. Chemie* 8, 393 (1957).
[24] G. OHLOFF, Fortschr. chem. Forschg. **12**, 2, 186–198 (1969).
[25] H. WALBAUM, J. prakt. Chem. [2] **73**, 488 (1906).
[26] E. SACK, Chemiker-Z. **39**, 538 (1915).
[27] L. RUZICKA und Mitarb., Helv. chim. Acta **9**, 230, 249, 715, 1008 (1926).
[28] M. KERSCHBAUM, Ber. dtsch. chem. Ges. **60**, 902 (1927).
[29] M. STOLL und L. RUZICKA, Helv. chim. Acta **11**, 1159 (1928).
[30] P. G. STEVENS und J. E. L. ERICKSON, J. Amer. chem. Soc. **64**, 144 (1942).
[31] G. OHLOFF und K.-H. SCHULTE-ELTE, Helv.-chim. Acta **50**, 705 (1967).
[32] M. S. CARPENTER und W. M. EASTER, J. org. Chemistry **16**, 618 (1951).
[33] A. V. GRAMPOLOFF, Helv. chim. Acta **38**, 1263 (1955); **39**, 323 (1956).
[34] S. H. WEBER, D. B. SPOELSTRA und E. H. POLAK, Rec. Trav. chim. Pays-Bas **74**, 1179 (1955); **75**, 1433 (1956).
[35] M. G. J. BEETS, H. VAN ESSEN und W. MEERBURG, Rec. Trav. chim. Pays-Bas **77**, 854 (1958).
[36] M. S. CARPENTER, vgl. Proc. sci. Sect. Toilet Goods Assoc. **23**, 1 (1955).
[37] K. EBERT und D. MERKEL, DWP (DDR) 28098; DBP 1176778.
[38] E. DEMOLE, Helv. chim. Acta **47**, 319, 1766 (1964).
[39] K. EBERT, D. MERKEL, M. MÜHLSTÄDT und H. KOLL, DWP (DDR) 34195; DBP 1192771 (1965).
[40] Vgl. G. W. GLADDEN und G. WATSON, Perfum. Record **55**, 793 (1964). – E. v. RUDLOFF, Canad. J. Chem. **39**, 1 (1961).

7. Stichwortverzeichnis

Der Verfasser

- gibt einen Einblick in die Probleme des Geruchs und der Riechstoffe

- behandelt Gewinnung, Eigenschaften, Verwendung und Bestandteile (unter besonderer Berücksichtigung der Polyprene) der komplex zusammengesetzten natürlichen Riechstoffe (ätherische Öle und Extrakte, Harze und Balsame, tierische Sekrete)

- gibt einen Überblick über Herstellung, Eigenschaften und Verwendung der wichtigsten „einheitlichen“ isolierten natürlichen und synthetischen Riechstoffe

WISSENSCHAFTLICHE TASCHENBÜCHER

MIX
Papier | Fördert
gute Waldnutzung
FSC® C083411

Zeitfracht Medien GmbH
Ferdinand-Jühlke-Straße 7
99095 Erfurt, Deutschland
produktsicherheit@kolibri360.de